物理时空门

宏观的雾与微观的云

陈爱峰◎著　　郑东升◎绘

中国大百科全书出版社

图书在版编目（CIP）数据

物理时空门 . 宏观的雾与微观的云 / 陈爱峰著；郑东升绘 . —北京：中国大百科全书出版社，2023.7

ISBN 978-7-5202-1362-2

Ⅰ . ①物… Ⅱ . ①陈… ②郑… Ⅲ . ①物理 - 少儿读物 Ⅳ . ① 04-49

中国版本图书馆 CIP 数据核字（2023）第 111482 号

出 版 人：刘祚臣
责任编辑：程忆涵
封面设计：丁　辰
责任印制：邹景峰
出版发行：中国大百科全书出版社
地　　址：北京市西城区阜成门北大街 17 号
邮政编码：100037
网　　址：http://www.ecph.com.cn
电　　话：010-88390718
图文制作：北京博海维创文化发展有限公司
印　　制：小森印刷（北京）有限公司
字　　数：90 千字
印　　张：4.625
开　　本：880 毫米 ×1230 毫米　1/32
版　　次：2023 年 7 月第 1 版
印　　次：2023 年 7 月第 1 次印刷
Ｉ Ｓ Ｂ Ｎ：978-7-5202-1362-2
定　　价：118.00 元（全 3 册）

你是粒子
还是波动

陈爱峰

北京市第八中学超创中心物理教研组长，西城区学科带头人，高级教师。爱物理，爱生活，爱科普。如何才能让孩子们也爱上物理呢？把久酿的热爱写成本书，还请收下。

郑东升（@超正经东叔）

从事漫画行业 20 余年、拥有百万粉丝的资深漫画家。家有两娃，每天为辅导作业焦头烂额，为此立志创作出大娃爱看二娃沉迷的科普漫画。

Contents

目录

声与光

近代物理

热现象

To 同学们：

热现象指的是与物体冷热程度（温度）有关的现象。冷热人人都能够感知，但温度要如何定义、测量和比较？这个貌似简单的问题其实并不好回答，因为它涉及热力学第零定律。

我们身边的这个世界是由物质构成的。组成物质的分子有多小？常见的物态变化又有哪些？还有，热力学的几大定律包括哪些内容？本章将对这些问题做一些探讨，此外还会分析比热容的概念和有关现象，以及把内燃机的工作原理介绍给同学们。

本章要点

温度

分子动理论、

扩散现象与布朗运动

物态与物态变化

热力学四大定律

比热容

热机、内燃机

地球上最冷的地方有多冷？
——认识温度

南极是地球上最冷的地方之一。在南极，一个名叫康宏站的科学考察站可能是世界上最偏远的科学基地，它由法国与意大利在 2005 年联合设立。说康宏站最偏远，是因为距离我们头顶 400 多千米的国际空间站，也比这个考察站更靠近人类生活的区域。每次给康宏站运输物资都非常烦琐，大部分物资都需要在其他的考察站中转再运到这里。从南极沿海卸货到这里，即便天气状况良好，有时也需要 7 天的时间。这里的每一寸土地终日被大雪覆盖，平均温度约为 -60℃，有时连续数月见不到阳光。这里的天气冷到什么程度呢？工作人员拿着

一碗意大利面刚走到室外，叉子已经被冻结在半空中；从保温袋里拿出来的鸡蛋打到一半的时候，已经冻住了；开水泼出去还没落地就已经结成了冰……

刚刚我们描述了"寒冷"的场景，在科学研究中，仅仅语言描述是不够的，需要用温度来定量表示物体的冷热程度。为何温度可以衡量冷热程度？这是因为人们用温标对温度的数值做出了具体规定。

知识卡片

> 温度是表示物体冷热程度的物理量，量度物体温度数值的标尺则叫温标。温度常用的单位是摄氏度，用符号℃表示，如"5℃"读作"5 摄氏度"，"-20℃"读作"零下 20 摄氏度"或"负 20 摄氏度"。摄氏温标的规定是：一个标准大气压下，冰水混合物的温度是 0℃，沸水的温度是 100℃，0℃和 100℃之间分成 100 等份，每一等份代表 1℃。

除摄氏温度外，较为常见的还有华氏温度，符号为℉。摄氏温度与华氏温度的换算关系是：

$$t_F = \frac{9}{5} t_C + 32$$

$$t_C = \frac{5}{9} (t_F - 32)$$

现代科学研究多采用热力学温度，单位开尔文（开），符号为 K。热力学温度也叫绝对温度。热力学温标规定 -273.15℃为零点，因为宇宙中没有比这再低的温度了，所以 0K（即 -273.15℃）称为绝对零度。热力学温标分度法与摄氏温标相同，即热力学温标上相差 1K 时，摄氏温标上也相差 1℃，因此换算关系为 $T = t + 273.15℃$，T 代表热力学温度，t 代表摄氏温度。

温标"竞争"史

华氏温标由华伦海特创立，他在波兰出生，后移居荷兰。华伦海特发现气压表的水银柱高度随温度变化而变化，他利用这一发现制成了第一支玻璃水银温度计，并在 1714 年规定了华氏温标。他把北爱尔兰冬天最低的温度定为零度，把他妻子的体温定为 100 度，把这两个温度对应的水银柱高点间的距离分成 100 等份，每份记为 1 度。这就是最初的华氏温标。显然，这样的做法有不准确之处，人的体温在一天之中经常波动，而且他妻子如果感冒发烧了怎么办？于是华伦海特后来将冰、水、氯化铵和盐混合物的熔点记为 0℉，把冰的熔点记为 32℉，又将一个标准大气压下水的沸点记为 212℉，在 32℉ 和 212℉ 之间均分 180 等份。这就是华氏温标，华氏温标确定之后，就有了华氏温度。

在华氏温度计出现的同时，法国物理学家列奥谬尔也设计制造了一种温度计。他认为水银的膨胀系数太小，不宜做测温物质。他专心研究用酒精作为测温物质的优点，通过反复实践发现，含有 1/5 体积水的酒精，在水的结冰温度和沸腾温度之间，其体积的膨胀是从 1000 个体积单位增大到 1080 个体积单位。因此他把水的冰点和沸点之间分成 80 份，这就是列氏温标。

1742 年，瑞典天文学家安德斯·摄尔修斯认定水银柱的长度跟随温度线性变化，他用水银做测温物质，创立了我们熟知的摄氏温标。

温标各式各样，使用起来可是相当混乱。为了结束这种混沌的状态，英国物理学家威廉·汤姆逊（后因诸多科学成就而被封为开尔文勋爵）于 1848 年提出热力学温标，它不依赖任何测温物质的任何物理性质，因而是一种基本的科学温标。

全世界的人多久才能数完 1 克水？
——分子动理论

全世界的人开始同时数 1g 水里面的分子，每人每小时可以数 5000 个，假如所有人都不间断地数，多少年可以数完呢？10 年？不好意思，10 年数不完。那么 100 年……1000 年总可以了吧（虽然我们活不了那么久）——还是不行？1g 水里面到底有多少水分子啊！了解一些有关分子论的知识，你就可以揭晓答案了。

分子是构成物质的一种基本粒子的名称。大多数物质由分子组成，分子由原子组成。对于由分子构成的物质，分子是其保持物质化学性质的最小单位；有些物质直接由原子构成，那么这些原子就是保持物质化学性质的最小单位。特别说明一下，在分子动理论中，这些分子和原子会被统称为"分子"。

无论是在空间上还是在质量上，分子都很小。如果把分子视为球体，其直径的数量级为 10^{-10}m，其质量的数量级为 10^{-26}kg，这么小的分子肉眼根本无法直接观察到，即便是用光学显微镜也做不到。因此，任何一个可见的物体所包含的分子数目都极其庞大，这就要用"物质的量"来描述了。

知识卡片

物质的量表示含有一定数目粒子的集体，符号为 n。粒子可以是原子、分子或离子等。物质的量的单位为摩尔，简称摩，符号为 mol。国际单位制规定，1mol 为精确包含 $6.02214076 \times 10^{23}$ 个粒子的物质的量。

这个数字很奇怪，它是怎么来的呢？其实它是有名称的，叫作阿伏伽德罗常量（N_A），因意大利物理学家、化学家阿伏伽德罗而得名，单位为 mol^{-1}，计算时可取 $6.02 \times 10^{23} mol^{-1}$。阿伏伽德罗常量是 12g 的 ^{12}C 所含的原子数量。^{12}C 是碳的一种同位素，质子和中子数都为 6，人们将它选为基准，是因为它的实际质量能够被相当精确地测量。人们还用 ^{12}C 原子质量的 1/12 作为相对原子质量的定义，也叫作原子量。如前文所述，以 kg 或 g 为单位，原子的质量数值相当小，计算不方便，使用原子量会使计算简化许多。

物质的量是物质所含粒子数（N）与阿伏伽德罗常量之比，即 $n = N/N_A$。1mol 物质的质量称为摩尔质量，用符号 M 表示，单位为 g/mol。你可能已经发现了，国际单位制之所以这样规定，是为了让摩尔质量在数值上等于物质的分子量，即一个分子中各原子的原子量总和。因此只要知道分子量，我们就可以方便地计算物质的量了，它等于物质质量与对应摩尔质量的比值，即 $n = m/M$，再乘以阿伏伽德罗常量，就可以得到物质包含粒子的数量了！是不是很神奇？阿伏伽德罗常量是沟通微观世界和宏观世界的桥梁，由于篇幅问题，关于阿伏伽德罗常量的来历与测量方法，同学们有兴趣可以自己去查阅相关资料。

现在终于可以计算 1g 水里有多少分子啦！

1 个水分子含 1 个氧原子和 2 个氢原子，原子量分别为 16 和 1，因此水的分子量是 18，即水的摩尔质量是 18g。所以，1g 水的物质的量就是 1/18mol，乘以阿伏伽德罗常量 6.02×10^{23}mol^{-1}，就能得到 1g 水所含有的分子数。全世界有 80 亿人，乘以每人每小时数 5000 个，再乘以 24 小时和 365 天，便是一年能数完的数量。最后，用 1g 水的分子数除以每年能够数完的数量，我们计算出全世界的人数完 1g 水的时间为 95446 年，所以真的需要接近 10 万年才能数完。现在感受到微观粒子有多小了吧！

分子动理论

近代科学研究表明，构成物质的最小微粒在不停地做无规则的运动。分子无规则运动的快慢与温度有关，温度越高，分子运动越剧烈，因此人们把物体内部大量分子的无规则运动叫作热运动。分子动理论是研究物质热运动性质和规律的经典微观统计理论。

分子动理论的基本内容：物体是由大量分子构成的；分子在永不停息地做无规则运动；分子之间同时存在着相互作用的引力和斥力。

构成物质的分子间同时存在着相互作用的引力和斥力。分子引力的存在使得固体和液体能保持一定的体积。两端平滑的两个铅柱，平面紧密接触，压在一起后，能够悬挂一定的重物，也说明分子间存在引力。相反地，固体和液体分子间是有间隔的，但由于分子斥力存在，使其很难被压缩。引力和斥力都随分子间距离的增大而减小，随分子间距离的减小而增大，但斥力比引力变化更快。引力和斥力相等时的分子距离叫作分子间的平衡距离，用 r_0 表示（数量级为 10^{-10} m）。

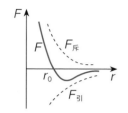

实际分子距离 $r < r_0$ 时，$F_引 < F_斥$，分子力 F 表现为斥力；$r > r_0$ 时，$F_引 > F_斥$，分子力 F 表现为引力；当 $r > 10r_0$ 时，$F_引$、$F_斥$ 迅速减小，可认为分子力 $F = 0$。

扩散现象与布朗运动

有两个实例分别直接或间接反映了分子在做永不停息的无规则运动，它们是扩散现象与布朗运动。

扩散是指不同的物质在互相接触时彼此进入对方的现象。扩散现象可以发生在固体、液体、气体中。煤堆放在墙角，时间久了墙体内部也会变黑就是煤分子进入墙体造成的。清水中滴入几滴红墨水，过一段时间，水就都染上红色。将装有两种不同气体（比如空气和二氧化氮）的两个容器连通，经过一段时间，两种气体就会在这两个容器中混合均匀。扩散也是花香扑鼻的原因。扩散现象直接地说明了分子的无规则运动，同时也表明分子间有空隙，所以水和酒精充分混合，混合后的总体积会有所减小。

1827 年，英国医生、植物学家布朗用显微镜观察微生物的活动特征，他发现水中悬浮的花粉颗粒也在不停地运动。起初布朗以为

花粉是有生命的个体，所以在水中"游动"。他把水换成酒精，又把花粉晒干，反复数次，希望彻底"杀死"花粉，却发现液体中的花粉颗粒还是在不停运动，换成其他无机物小颗粒一样"运动不止"。他把颗粒运动的轨迹记录下来，这些轨迹简直是一团乱麻——毫无规则可言，而且温度越高运动越剧烈，显然并不是生命体的运动方式。1828 年，布朗把花粉颗粒的运动写成论文："重复观察多次后，我确信这些运动既不是液体流动造成的，也不是由液体逐渐蒸发引起，它们是花粉粒子本身的运动。"后来人们把这种微小颗粒的无规则运动称作布朗运动。布朗运动发现后的 50 年里，科学家们一直没有很好地理解其中奥秘。直到 1905 年，爱因斯坦从动力学平衡角度出发，建立了颗粒在液体中的扩散方程，揭示了流体甚至固体中微观粒子的运动机制：液体中花粉颗粒的布朗随机运动过程是单独水分子集合作用的结果，也就是说，布朗运动其实是花粉颗粒受水分子不均匀的撞击所致。布朗运动实际上间接反映了分子热运动现象，也证明了分子的存在。

冰棍上与开水上的白气一样吗？
——常见的物态变化

物态

我们知道物质有三态——固态、液态和气态。你是否想过，浮在天空中的云属于哪一种状态？

云的形成是地球水循环重要的一环，阳光的能量使地球表面的水蒸发形成水蒸气，水蒸气上升进入大气层，渐渐达到饱和。如果水蒸气含量继续变大，水分子就会聚集在空气中的微尘（凝结核）周围，产生小水滴或小冰晶，

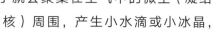

大量的水滴或冰晶悬浮在天空中，将阳光反射和折射到各个方向，就产生了我们看到的云的外观。所以，云是水的固态和液态两种形态同时存在的混合体，组成云的小水滴或小冰晶体积都极小，像雾一样，肉眼很难看见单个颗粒。

固体有固定的体积和形状，还有热胀冷缩的特点。固体可分为晶体和非晶体。熔化成液体时有固定温度（熔点）的为晶体，如冰、食盐、各种金属。熔化时没有固定温度的为非晶体，如蜡、松香、玻璃、沥青等。

液体没有确定的形状，其体积很难被压缩。液体内部向各个方向都有压强，压强数值取决于液体种类和研究点的深度。液体表面存在表面张力，进而形成了一系列日常生活中可以观察到的特殊现象，如细管内的毛细现象、肥皂泡现象、液体与固体之间的浸润与非浸润现象等。

气体与液体一样是流体。气体与液体和固体的显著区别是气体分子之间间隔很大，可以被压缩。如果没有容器或力场的限制，气体可以扩散，其体积也就没有了限制。研究气体性质时经常用到"理想气体"的物理模型：忽略气体分子的自身体积和分子间的作用力，气体的内能就是所有分子的平均动能之和。一定质量的理想气体严格遵循气态方程，即压强和体积的乘积与热力学温度的比值为一个定值。

物态变化

夏季人们喜欢吃止渴解暑的食品，当你享用冰凉可口的冰棍时，有时会看到在其周围飘起了一些"白气"，这些"白气"是什么？稍加观察，你会发现生活中还有很多"白气"：冬天低温环境下人呼出的"白气"，开水壶的壶嘴冒出的"白气"，甚至夏天打开冰箱门也会有"白气"……那么，冰棍周围的"白气"与开水上飘动的"白气"一样吗？

水蒸气遇冷后会从气态变成液态，所以这些"白气"是由小水珠构成的，这些现象都属于物态变化中的同一种——液化。物质以什么状态存在跟物体的温度有关，在一定条件下物质从一种状态变化到另一种状态的过程，叫作物态变化。物态变化会伴随着热量的转移。固、液、气三态间的物态变化共有六种：熔化、凝固、汽化、液化、升华与凝华。

熔化和凝固

　　物质从固态变为液态叫熔化，从液态变为固态叫凝固。冰雪消融、点燃的蜡烛"掉眼泪"等是熔化现象，冬天水结成冰、工厂里把钢水浇铸成各种零件等是凝固现象。

　　熔化和凝固互为可逆过程，物质熔化时要吸热，凝固时要放热。海鲜市场的摊贩常把海鱼放在冰块上保鲜，烙铁可以使金属锡熔化成液态，俗语有"下雪不冷化雪冷"，这些现象可以说明熔化吸热。火山爆发产生的岩浆有很大的破坏性，有经验的菜农冬天在地窖里放几桶水防止储存的蔬菜冻坏，炼钢炉旁的工人容易中暑，这些现象可以说明凝固放热。

汽化和液化

物质从液态变为气态叫汽化，从气态变为液态叫液化。

汽化分为蒸发和沸腾两种形式。蒸发是在任何温度下都能发生的、只在液体表面发生的缓慢的汽化现象，液体蒸发的快慢跟液体的温度、液体表面积的大小以及液体表面空气流动速度有关。沸腾是在一定温度下（沸点）液体表面和内部同时发生的剧烈的汽化现象。液体沸腾时温度保持在沸点不变，沸点与压强有关，压强越大沸点越高，高压锅煮饭快就是因为这个原理。湿衣服慢慢晾干，雨过天晴路面积水逐渐消失，沸腾的水继续烧会把水烧干，新鲜蔬果放久了容易干瘪，这些都是汽化现象。

想使气体液化，有两种方式：降低温度、压缩体积。通过降低温度能使所有气体发生液化，通过压缩体积可使大部分气体发生液化。生活中的燃气都是通过压缩体积的方式液化，以便储存和运输。各种"白气"的形成，夏天从冰箱中取出的饮料瓶过一会就满身是"汗"，冬天从寒冷室外进入温暖室内眼镜"起雾"，夏天的清晨花草上出现露水，冬天的清晨出现大雾天气，这些都是液化现象。

汽化和液化互为可逆过程，汽化吸热，液化放热。天气炎热时用湿毛巾擦脸会感觉凉爽，给发烧的病人手心脚心涂抹酒精可以降温，洗完澡不迅速擦干身体会感觉冷，狗没有汗腺只能通过伸出舌头加速体液蒸发，这些现象说明汽化吸热。加热水产生水蒸气蒸熟食物，被同温度的水蒸气烫伤比被开水烫伤更严重，这些现象说明液化放热。

冰箱制冷的过程是这样的：液态制冷剂在管道内流动，经过冷冻室区域迅速汽化吸热，使冷冻室温度降低。之后气态制冷剂被压缩机抽走，压入冷凝器液化，并通过散热管将吸收的热量释放，所以冰箱侧面经常摸起来很热。

火箭发射时高温火焰向下喷射会使发射台支架熔化。为了保护发射台，人们在火箭下方建造出一个大水池，这样火焰喷射到水中，水吸收大量热迅速汽化。水蒸气在上升过程中，遇冷又液化成小水珠，所以火箭升空瞬间，下方有庞大白色气团迅速扩展，这个现象就是这样形成的。

还有一个问题：冬天烧水时我们看到的"白气"要浓一些，而夏天这些"白气"会少一些，想一想这是为什么呢？

升华和凝华

物质从固态直接变为气态叫升华，从气态直接变为固态叫凝华，升华吸热，凝华放热。衣柜里的樟脑丸变小，舞台上用干冰（固态二氧化碳）制作出云海效果，冬季冰冻的衣服也能慢慢变干，这些是升华现象。北方冬天窗玻璃内表面的冰花，以及雾凇、霜、雪的形成是凝华现象。用久了的白炽灯灯泡玻璃内壁变黑是因为使用时钨丝先升华，然后又凝华，附在了灯泡的玻璃壁上。

利用升华吸热的特性，人们在制作冰激凌时加入干冰，可使冰激凌不易融化，特别适合外卖冰激凌的冷藏及运输。在空中喷洒干冰是人工降雨的一种方法，干冰升华吸收热量，使空气中的水蒸气凝华成小冰粒，冰粒下降过程中熔化变成雨滴。也就是说，人工降雨过程包含升华、凝华和熔化三种物态变化。

热现象的本质与规律
——热力学定律

　　如今我们对"热"的直接应用主要表现为两大方面：一是加热或冷却物体，二是用"热"来做功转化为其他能量。在热传递和做功过程中物体本身的能量也在改变，而这一切都遵循热力学的基本定律。热力学一共有四个最基本的定律——第一、第二、第三以及第零定律，科学家们为这些定律的发现和确立付出了巨大的努力。

热力学第一定律

热力学第一定律指出了热传递和做功与物体内能改变的数量关系。内能指的是物体内所有分子热运动的能量总和。内能是物体的一种固有属性，一切物体都具有内能。在热传递过程中转移的内能叫作热量。内能是状态量，热量是过程量。

热力学第一定律的内容是：外界对物体所做的功 W 加上物体从外界吸收的热量 Q，等于物体内能增加量 ΔU，即 $\Delta U = Q + W$。在这个表达式中，当外界对物体做功时 W 取正，物体克服外力做功时 W 取负。当物体从外界吸热时 Q 取正，物体向外界放热时 Q 取负。ΔU 为正表示物体内能增加，ΔU 为负表示物体内能减小。

热力学第一定律是不同形式的能量在传递与转换过程中守恒的定律，其推广和本质就是著名的能量守恒定律。热力学第一定律更易于被人理解的表述形式是：热量可以从一个物体传递到另一个物体，也可以与机械能或其他能量互相转换，但是在转换过程中，能量的总值保持不变。

热力学第一定律（能量守恒与转化定律）的建立与发展主要归功于三个人：德国的迈耶、亥姆霍兹和英国的焦耳。迈耶是一位德国医生，一次远航时他注意到人生活在热带和温带时静脉血液的颜色不同。经过进一步的研究，他提出了热和机械能的相当性和可转化性，并粗略地给出了热功当量（热和机械功可以互相转化，在转化过程中存在有当量关系）。但迈耶的聪明才智不为世人所理解，反而遭到世俗的偏见，倒霉事一件接着一件。两个孩子先后夭折，兄弟因革命活动而被捕入狱。在极度的精神压力下，迈耶跳楼自杀未遂，但摔断了双腿，后来又被送入精神病院，备受折磨。唯一庆幸的是，迈耶晚年终于看到了自己的成就被世人认可。对热力学第一定律做出全面且精确的论述的是亥姆霍兹。1847 年，26 岁的亥姆霍兹写成了著名论文《力的守恒》，充分论述了这一热力学命题。而在这一定律的实验验证工作上，焦耳则做出了巨大贡献。焦耳建立了能量转化和等价的普遍概念，并进行了大量的热功当量实验，他以精确的数据，为热和功的相当性提供了可靠的证据，使热力学第一定律确立在牢固的实验基础之上。

热力学第二定律

热力学第二定律阐述了一个重要的事实——自然界中进行的涉及热现象的宏观过程都具有方向性。热力学第二定律的建立主要归功于两个人：法国的卡诺和德国的克劳修斯。

1824 年，法国工程师萨迪·卡诺提出了卡诺定理。当时能量概念尚未提出，流行的热学理论是热质说。卡诺用错误的热质说证明了他著名的卡诺定理（定理是正确的）：工作在温度为 T_H 的高温热源和温度为 T_C 的低温热源之间的所有热机的效率 $\eta \leqslant 1 - \dfrac{T_C}{T_H}$（等号对应理想的可逆过程，小于号对应不可逆过程）。这一定理其实也是热力学第二定律的一种表述，即热机的效率不可能达到 100%。1850 年，德国科学家克劳修斯提出了第二定律的标准说法："热量只能自发地从高温物体流向低温物体，而不能自发地从低温物体流向高温物体。"实际上，1851 年，英国物理学家开尔文也几乎同时独立发现了热力学第二定律，他的表述是"不能从单一热源吸热做功，而不对外界产生影响"。基于以上谈到的热力学第二定律的建立过程，现在的中学物理书中给出了定律的两种表述。

知识卡片

热力学第二定律的第一种表述：不可能使热量由低温物体传递到高温物体，而不引起其他变化（即克劳修斯表述，热传导的方向性角度）。第二种表述：不可能从单一热源吸收热量并把它全部用来做功，而不引起其他变化（即开尔文表述，机械能和内能转化过程的方向性角度）。

以上两种表述在理念上是相同的，或者说是等效的。热力学第二定律在历史上的重要影响是指出第二类永动机不可能制成。第二类永动机是指从单一热源取热，使之完全变为有用功而不产生其他影响的机器，就是效率为 100% 的热机。它并不违背能量守恒定律（热力学第一定律），但却违背了热力学第二定律。由于永动机天生而来的诱惑，有不少人怀疑第二定律的正确性而去尝试做第二类永动机，当然这些人的所有尝试都以失败告终。也许还应该有一条定律：热力学第二定律是不可推翻的！

热力学定律彻底否定了永动机构想，为热机设计提供了指南，并且促进动力工业朝着正确的方向发展起来。

热力学第三定律

热力学第三定律描述的是所有热力学系统存在的极限。这个定律是德国物理化学家能斯特于 1912 年提出的，也称为能斯特定理或能斯特假定。

知识卡片

热力学第三定律的内容是：不可能用有限个手段和程序使一个物体冷却到绝对零度。它的通俗说法是：绝对零度是达不到的。

有意思的是，起初能斯特是从热力学第二定律推导出这条定律的，但爱因斯坦指出能斯特的推导有问题，然而结论是正确的——能斯特发现的是一条独立定律，不能从第二定律推出。于是，人们把能斯特发现的这条定律称为热力学第三定律。

我们来做一些分析论证。如果绝对零度能够达到，我们可以把一个热机建立在温度为 T_H 的高温热源和温度为 $T_C = 0$ 的低温热源之间。根据卡诺导出的公式，可逆热机的效率 $\eta = 1 - \dfrac{T_C}{T_H} = 1$。这表明热机从高温热源吸热，全部转化为对外做功，没有给低温热源传递热量，这相当于从温度为 T_H 的单一热源吸热，使之全部转化为功，而且对外界不产生任何其他影响。这违背了热力学第二定律。我们也可以反过来思考，如果热力学第二定律成立，则上述例子不应出现，也就是说绝对零度不可能达到。这样，我们似乎从第二定律推出了第三定律，即第三定律看起来是第二定律的一条推论。但事实是，我们从来没有达到过绝对零度，而我们总结出来的所有实例都是在绝对零度之上的环境下发生的。第二定律对于绝对零度是否成立，我们完全不知道，因此不能把规律随意推广到零温极限情况。这就是说，卡诺定理是否在绝对零度时成立，需做假定。第三定律正是我们做的与此有关的假定，所以第三定律不能看成是第二定律的推论，它必须看成是一条独立的热力学定律。

根据热力学第三定律，绝对零度下，一切物质分子都将停止运动。绝对零度虽不能达到，但可以无限趋近，目前的绝热去磁方法甚至可以达到 10^{-10}K 数量级的极限低温，因为与人类的生活世界相去甚远，还真是难以想象呢。

热力学第零定律

热力学第一定律的发现者有三个，第二定律的发现者有两个，第三定律的发现者只有一个，依次类推，第四定律的发现者只能是零个——所以没有热力学第四定律！这是来自物理学界的玩笑。热力学确实没有第四定律，却有第零定律。这条定律由英国物理学家拉尔夫·福勒于 1939 年正式提出，晚于热力学第一和第二定律八十多年，晚于第三定律二十多年。虽提出最晚，但按照理论体系，它是其他几个定律的基础，所以称为热力学第零定律，是一条关于热平衡的定律。

知识卡片

热力学第零定律的内容是：如果两个热力学系统中的每一个都与第三个热力学系统处于热平衡，则它们彼此也必定处于热平衡。通俗地说，第零定律指出了热平衡具有传递性：A、B、C 三个物体，如果 A 与 B 达到热平衡，B 与 C 达到热平衡，则 A 与 C 就一定达到热平衡。

　　热力学第零定律的重要性在于给温度的定义和测量方法提供了理论基础，一切互相平衡的体系具有相同的温度，所以，一个体系的温度可通过另一个与之平衡的体系的温度来表示，也可通过第三个热平衡体系的温度来表示。温度计的设计即基于此：测温物质、测温物质的容器和容器外的空气三者处于热平衡态，因此测温物质的温度就等于气温。

火焰山为何如此火热
——比热容

《西游记》中的"三借芭蕉扇",讲述了唐僧师徒西天取经路上途经火焰山的故事。故事中神秘的火焰山地处中国新疆的吐鲁番盆地北缘,这里临近沙漠,降雨寥寥,加之日照时间长,夏季十分炎热。白天最高气温可达 50℃以上,地表最高温度竟然有 80℃,在沙窝里可以烤熟鸡蛋,而夜晚温度又降到 20℃左右,昼夜温差大,适合葡萄、哈密瓜的生长。与火焰山相反的是沿海或海岛地区,比如位于太平洋中部的夏威夷群岛,是世界著名的旅游胜地,这里全年气温变化不大,四季气温都在 15~32℃之间,海风轻拂,气候宜人,人们甚至察觉不到季节变化。沿海与沙漠的气候为什么会如此不同？学习了比热容的有关知识，就能揭开谜底了。

知识卡片

一定质量的某种物质在温度升高时吸收的热量，与其质量和升高温度的乘积的比值，叫作这种物质的比热容，简称比热。比热容是物质的一种性质，反映了物质吸热与放热能力的强弱，用符号 c 表示，单位为 J/(kg·℃) 或 J/(kg·K)。

　　各种物质都有自己的比热容，比热容大小只与物质种类和状态有关，与物质质量、形状、放置地点、温度及温度变化量、吸收或放出热量多少均无关。不同物质比热容一般不同，因此也可以用比热容来鉴别物质。比热容在数值上等于单位质量的某种物质温度升高1℃所吸收的热量，因此有 $Q=cm\Delta t$，其中 Q 为物体吸收或放出的热量，m 为物体质量，Δt 为吸热或放热前后物体的温度差。

　　比热容反映了物质的吸（放）热能力，相同质量物质升高相同温度，比热容越大，需要的热量越多。另一方面，比热容也反映了物质吸热或放热后温度改变的难易程度，比热容大的物质吸收或放出相同热量，温度改变较小，故比热容大的物质，温度改变起来相对困难。

　　常温下，常见的天然物质中，水的比热容较大，为 4.2J/(kg·℃)（仅有几种气体的比热比水大，氢气

14.3，氦气 5.2，液氨 4.6）。水的比热容是砂石的 14 倍，对气候变化有显著影响。相同质量的水和砂石，要使它们上升同样的温度，水会吸收更多的热量；如果吸收或放出的热量相同，水的温度变化比砂石小得多。夏天，阳光照在海上，尽管海水吸收了许多热量，但是由于它的比热容较大，所以海水的温度变化并不大，海边或海岛的气温变化也不会很大。而在沙漠地区，由于砂石的比热容较小，吸收同样的热量，温度会上升很多，所以沙漠的昼夜温差很大。内陆地区与沿海地区的气候差异也是如此，内陆夏季比沿海炎热，冬季比沿海寒冷。

目前，中国城市发展迅速、人口密集，工业与交通废气大量排放，而且城市建筑大多由砖石、钢筋、混凝土建成，在温度的空间分布上，城市犹如一个热气腾腾的岛屿，形成所谓的城市热岛效应。这该如何缓解呢？主要途径就是为城市加"水"。如果能在城

市附近建一个水库，就相当于给城市安装了一个"空调"。但是建造水库不是每个城市都可行，增加城市绿化是更常见的手段。绿化带涵养的水源相当于一座水库，同样能使城区夏季的高温下降，可以有效缓解日益严重的热岛效应。

水的比热容大，这一点在生活中很多方面都有应用。农业生产中，每年三四月为防稻苗霜冻，普遍采用"浅水勤灌"方法。傍晚在秧田里灌一些水过夜，第二天太阳升起时，再把秧田中的水放掉。利用水比热容大的特性，在夜晚降温时为秧苗保温，使其温度下降减少。其他例子还有中国北方房屋中的暖气用水作为介质，汽车发动机和工厂车床的冷却系统使用水作为冷却液，等等。

汽车发动机的工作原理
——内燃机小知识

从蒸汽机到内燃机

汽车前进的动力来自发动机，发动机是如何工作的呢？有的同学可能会说，靠烧汽油嘛！的确，汽车发动机是利用燃料燃烧释放的能量带动整车前进的，其原理虽简单，过程却不简单。这其中的科技发展历史同样充满曲折。

将热能转换为机械能的机械称为热机。蒸汽机被称为第一次工业革命的动力源，它属于热机中的外燃机。汽车工业广泛使用的汽油发动机、柴油发动机则属于热机中的内燃机。人们对热机的制造和研究由来已久。中国南宋初期出现的走马灯是世界上较早的热机（涡轮机）雏形，只不过当时是作为玩具出现的。17 世纪，由于采矿工业的发展，英国人萨佛里于 1698 年制成了用于矿井抽水的蒸汽水泵，它能够将矿井里的水抽出来，被称为"矿工之友"。它有燃料、蒸汽、活塞，是一架原始的蒸汽机，但活塞每抽一下就得用冷水泼一下，让蒸汽凝结。然后下一次抽动活塞前又得加热，很是麻烦。这种蒸汽机被使用了大半个世纪，直到 1776 年英国发明家瓦特经过漫长的努力，使制造蒸汽机的工艺水平获得突破性提升，最终完成第一台有实用价值的蒸汽机。后来又经过一系列重大改进，使之成为"万能的原动机"，在工业上得到广泛应用。瓦特付出的艰苦努力和他的发明成就，使人们公认他是带领人类进入蒸汽时代的伟大发明家。为了纪念瓦特，国际单位制中的功率单位以他的姓氏命名。

蒸汽"炮弹"

热机的原理可以借用一个简单的例子来说明。如果用橡胶塞塞紧试管口，用酒精灯加热试管中的水，酒精燃烧释放出的热量会通过热传递部分转移给水。水的温度升高，产生的水蒸气也越来越多，最终水蒸气将对橡胶塞做功，使塞子飞出去。同时，试管口附近会出现大量"白气"，这是因为水蒸气对外做功，内能减少，温度降低，所以水蒸气液化成了小水珠，出现"白气"。

（注意试管口别对着人哦）

内燃机是指燃料直接在机器内部燃烧产生动力的热机，分为汽油机和柴油机两大类。1862 年，法国工程师德罗夏在本国科学家卡诺热力学研究的基础上，提出了四冲程内燃机的工作原理：活塞下移、进燃料；活塞上移，压缩气体；点火，气体迅速燃烧膨胀，活塞下移做功；活塞上移，排出废气。四个冲程周而复始，推动机器不停地运转。德罗夏只是天才地提出了四冲程的内燃机理论，而将这一理论变为现实的是德国发明家奥托。1876 年，奥托设计制成了第一台以煤气为燃料的四冲程内燃机。它具有体积小、转速快等优点，后来这种机械常用汽油作为燃料，所以又叫汽油机，广泛应用在汽车、飞机、摩托车和小型农业机械上。随后德国人狄塞尔提出压燃式内燃机原理，并于 1897 年成功制造出以柴油为燃料的柴油机。

四冲程内燃机的原理

四冲程内燃机是如何把燃料的热能（内能）转化为机械能的？为什么能够连续工作？想弄懂这些问题，需要对它的结构和工作过程有一定了解。下面以四冲程汽油机为例，看看它是如何工作的。

四冲程汽油机由曲轴、连杆、活塞、进气门、排气门、汽缸（指活塞所在的圆柱形空腔）、火花塞等主要部分组成。它的一个工作循环包括四个冲程：进气冲程、压缩冲程、做功冲程和排气冲程。一个工作循环内曲轴旋转两周。

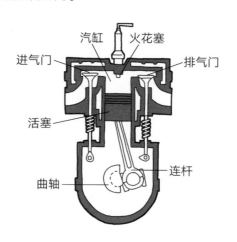

进气冲程

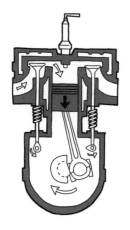

进气门开启，排气门关闭，活塞由上止点向下止点移动，活塞上方的汽缸容积增大，产生真空度，汽缸内压力降到进气压力以下。在真空吸力作用下，通过化油器或汽油喷射装置雾化的汽油与空气混合形成可燃混合气，由进气门吸入汽缸内。进气过程一直延续到活塞到下止点，进气门关闭为止。

压缩冲程

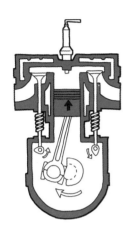

　　进、排气门已全部关闭，曲轴带动连杆推动活塞上行，开始压缩缸内可燃混合气。混合气温度升高，直至活塞到达上止点，压缩冲程结束。此过程曲柄连杆机构的机械能转化为可燃混合气内能，混合气温度可达 330~430℃。

做功冲程

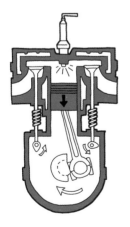

　　活塞到达上止点时，进、排气门仍处于关闭状态，装配在汽缸盖上方的火花塞发出电火花，点燃压缩的可燃混合气。可燃混合气燃烧放出大量热，缸内燃气压力和温度迅速上升，最高燃烧压力在 3~6Mpa 之间，最高燃烧温度在 1900~2500℃之间。高温高压燃气推动活塞快速向下止点移动，通过曲柄连杆机构对外做功。此过程气体内能转化为曲柄连杆机构的机械能。

排气冲程

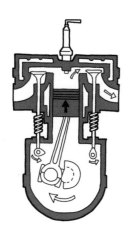

做功行程终了活塞到达下止点时，进气门关闭，排气门开启，这时缸内压力高于大气压力，高温废气迅速排出汽缸。先是自由排气阶段，高温废气以音速通过排气门排出。后是强制排气阶段，活塞向上止点移动，强制将缸内废气排出。活塞到达上止点时，排气过程结束，排气门关闭。排气终了，汽缸内气体压力稍高于大气压力，废气温度为 600~900℃。此时一个工作循环结束，同时为下一工作循环做好了准备。当下一循环的进气冲程结束，汽缸内气体温度降至100~170℃。

这个工作循环巧妙地利用了能量转化，使发动机能够持续运转。四冲程柴油机工作原理与汽油机相同，不同的是柴油机进气行程进的是纯空气，在压缩行程接近上止点时，由喷油器将柴油喷入燃烧室，由于这时汽缸内的温度已远远超过柴油自燃温度，喷入的柴油经过短暂的着火延迟后，自行着火燃烧对外做功。也就是说，汽油机和柴油机的主要不同是：结构上，汽油机有火花塞，柴油机是喷油嘴；点火方式上，汽油机是点燃式，柴油机是压燃式；吸入气体构成上，汽油机在吸气冲程中吸入汽油和空气的混合物，柴油机吸入空气。另外，柴油机对空气压缩程度比汽油机更高，在做功冲程中气体压强也大于汽油机，因而可以输出更大的功率。柴油机实际多用于大型机械，如坦克、载重汽车等，而汽油机较为轻便，多用于小型机械，如摩托车、小汽车等。

脑洞物理学

1 饶舌物理学

物理学使用的专业用语与生活用语有时相通，有时界限分明。如"蒸气"和"蒸汽"在物理学中都会使用，但含义不同。而在"熔化""溶化"和"融化"三个词中，物理学使用最多的是"熔化"，化学使用最多的是"溶化"，"融化"则在语文中应用较多。请你查阅词典或资料，弄清它们的含义与区别。

2 不讲道理的气球

取两只相同的气球，吹气口套上橡皮管或吸管，然后分别向两只气球内吹气，一只吹得大一些，一只小一些。把两只气球连通起来（中间的管上可用小夹子控制），连通后哪个气球会变得更大？试试看。

读完本章内容，同学们可以尝试探索以下课题，展开自主研究，体验物理学魅力。

（提示：极限思维的使用。设想大气球极大，大到包含了整个地球上的大气。把一个小气球的开口打开，这等效为与地球的大气连通，结果自然是小气球越变越小了。）

3 自制简易温度计

利用热胀冷缩原理，用塑料瓶、透明吸管、墨水、酒精（或水）等材料制作简易温度计，并参考标准温度计进行定标。将定标后的温度计与标准温度计做测温对比，看看误差大不大（如果定标定得好，误差就不会太大）。尝试独立完成设计、选材、制作、定标的全过程，不懂之处可以向老师请教或查阅资料。

反常天气调查小队出动！

古有"六月飞雪""无夏之年"，今有"晴天霹雳""罕见暴雪"，全球各地多次出现反常的恶劣天气。查阅气象部门网站资料，调查统计近两年的反常天气，包括时间地点、反常表现、持续时间、带来的影响或后果、当地应对措施、人员或经济损失等。试着思考天气反常的原因，尤其是人为因素，对如何干预人类活动以避免灾害再次发生提出自己的建议。

学霸笔记

1. 分子动理论

物体是由大量分子组成的，分子永不停息地做无规则的运动（热运动），分子间存在相互作用力。

一般分子直径的数量级是 10^{-10}m，分子质量的数量级是 10^{-26}kg。阿伏伽德罗常量是联系宏观量和微观量的桥梁，用符号 N_A 表示，N_A 可取 6.02×10^{23}mol^{-1}。1mol 的任何物质中含有粒子数都相同。

扩散现象和布朗运动证明分子永不停息地做无规则运动。扩散现象是指相互接触的物体互相进入对方的现象，温度越高，扩散越快。布朗运动是小颗粒受到周围分子热运动的撞击引起的，不是分子的无规则运动，而是分子做无规则运动的反映。布朗运动的特点是：永不停息的无规则运动；颗粒越小运动越剧烈；温度越高运动越剧烈；运动轨迹不确定。

分子间同时存在相互作用的引力和斥力，分子力是指分子间引力和斥力的合力。分子间的引力和斥力都随分子间距离增大而减小，随距离减小而增大，但总是斥力变化得更快。

2. 温度与内能

宏观上，温度是物体的冷热程度；微观上，温度是分子平均动能的标志。分子动能是分子无规则运动的动能，包括平动、转动、振动的能量。分子势能是由分子相对位置、分子力决定的能量。内能是指物体中所有分子热运动的动能和分子势能的总和，任何物体都有内能。

3. 晶体与非晶体

	晶体（单晶体、多晶体）	非晶体
外形	规则	不规则
熔点	确定	不确定
物理性质	各向异性	各向同性
原子排列	有规则，但多晶体每个晶体间的排列无规则	无规则
典型物质	石英、云母、食盐、硫酸铜	玻璃、蜂蜡、松香
形成与转化	有的物质在不同条件下能够形成不同形态。同一物质可能以晶体和非晶体两种不同形态出现，有些非晶体在一定条件下也可转化为晶体	

4. 液体的表面张力

液体的表面张力使液面具有收缩的趋势，方向跟液面相切，与液面的边界线垂直。液体温度越高，表面张力越小；密度越大，表面张力越大。液体中溶有杂质时，表面张力变小。

5. 理想气体

理想气体是不考虑分子势能的气体，是一种经科学的抽象而建立的理想化模型，实际中不存在。但实际气体，特别是那些不易液化的气体，在压强不太大、温度不太低时，都可作为理想气体来处理。一定质量的理想气体满足状态方程：$\dfrac{pV}{T}=C$（恒量），即

$$\dfrac{p_1V_1}{T_1}=\dfrac{p_2V_2}{T_2}。$$

6. 热力学定律与永动机

热力学第一定律：一个热力学系统的内能增量等

于外界向它传递的热量与外界对它所做的功的和，即 $\Delta U = Q + W$。热力学第一定律是能量守恒定律的表现形式之一。

做功 W	外界对物体做功	$W>0$
	物体对外界做功	$W<0$
吸放热 Q	物体从外界吸收热量	$Q>0$
	物体向外界放出热量	$Q<0$
内能变化 ΔU	物体内能增加	$\Delta U>0$
	物体内能减少	$\Delta U<0$

热力学第二定律：热量不能自发地从低温物体传到高温物体。

热力学第三定律：绝对零度是达不到的。

热力学第零定律：A、B、C 三物体，若 A 与 B、B 与 C 分别达到热平衡，则 A 与 C 一定达到热平衡。

第一类永动机：不消耗任何能量却源源不断对外做功的机器。不能制成的原因是违背能量守恒定律。

第二类永动机：从单一热源吸收热量并把它全部用来对外做功而不引起其他变化的机器。不能制成的原因是违背了热力学第二定律。

声与光

To 同学们：

清晨，闹钟的声音将你唤醒，你睁开眼，又看到了身边熟悉的一切。夜晚，高大的建筑物屋顶上射出的光束刺破夜空，光怪陆离的霓虹灯装点着繁华的都市，人们从喧嚣嘈杂的环境逐渐回到安静的家中。此时，郊外的人们可能正沐浴在明亮的月光里拉着家常，远处不时传来狗的叫声，田野里蛙声、虫声此起彼落……我们生活在一个有声有色的缤纷世界里，正因为有了声和光，世界才如此美丽。

声和光的世界真是奇妙！声音为什么有高有低，白色光又为何能折射出七种色彩？佩戴专用眼镜后就能看到 3D 电影，这是什么道理？又有哪些声音是我们听不到的，有哪些光是我们看不到的？声和光的知识和应用在我们身边处处可见，让我们一起走进"有声有色"的声光世界吧！

本章要点

声音、声波与声速

音调、响度与音色

超声波与次声波

多普勒效应

光的色散与颜色

光的反射

光的折射

光的干涉

光的偏振

红外线、紫外线与 X 射线

夜半钟声到客船
——声波

声音是什么？

　　"声音"对我们来说，可能再熟悉不过了，可是如果让你为它下一个定义，似乎又没有那么简单。

知识卡片

声音是由物体振动产生的声波通过介质（空气或固体、液体）传播并被人或动物听觉器官感知的物理现象。物体的任何周期振动都可以产生声音，如敲击音叉、拨动琴弦、擂起战鼓等。
声音是一种波。发声物体振动后，由于周围物质微粒的弹性和惰性形成疏密相间的波动，这就是声波。

声波从振动声源出发，顺序地从一个微粒传到另一个微粒，以一定声速向各方面传播。气体、液体、固体微粒都可以成为声音传播的媒介。没有介质声音是无法传播的，所以真空不能传声。人耳听到的声音是通过空气传播的，水中的鱼通过液体传播听到声音，贴在地面的蛇通过固体传播听到声音。

声音在不同介质中的传播速度不同。声音传播速度与介质种类、温度、密度等因素有关。即便是同一种介质在温度不同时，声音在其中的传播速度也不同。一般情况下，声音在固体中传播最快，液体中次之，气体中最慢。

介质	声速 /m · s⁻¹	介质	声速 /m · s⁻¹
空气（15℃）	340	空气（25℃）	346
水（常温）	1500	海水（25℃）	1530
尼龙	2600	冰	3160
松木	3320	大理石	3810
水泥	4800	钢铁	5200

声波的反射、折射与衍射

声波是"波"家族中的一员，具备波的基本特征，包括反射、折射、衍射等。

"长啸一声，山鸣谷应"，说的是声音在山谷之间发生多次反射，形成回声。人们对回声现象的研究和利用由来已久，北京天坛公园著名的"回音壁""对话石"和"三音石"都巧妙利用了回声现象。人耳能辨别出回声的条件有两个：回声具有较大能量到达人耳，且回声与原声时差大于 0.1 秒。若二者传播时间差在0.1 秒内，回声和原声就混在一起，人耳不能分辨，但回声加强了原声。当反射面尺寸远大于入射声波波长时，听到的回声最清楚。空气中声速为 340m/s，若要听到自己的回声，则要求反射面与发声人距离大于17 米，想一想这是怎么算出来的呢？

1912 年，号称"永不沉没"的著名英国邮轮"泰坦尼克"号在其首航赴美途中发生了与冰山相撞而沉没的悲剧。这次海难事件引起全世界关注，为了寻找沉船，美国科学家设计并制造出第一台测量水下目标的回声探测仪，用它在船上发出声波，然后用仪器接收障碍物反射回来的声波信号。之后，测量发出信号和接收信号的时间间隔,根据水中声速就可以计算出障碍物距离和海底深浅。第一台回声探测仪于1914年成功发现了3千米以外的冰山。实际上,这就是被广泛应用于国防、海洋开发事业的声呐装置的雏形。

鲸鱼和蝙蝠一样用生物声呐定位捕猎,
海洋中的人工声呐会干扰它的狩猎行为

唐诗中的名句"姑苏城外寒山寺,夜半钟声到客船"暗含了一个事实:钟声在夜晚和清晨比白天听得更清楚,这是为什么呢?有人说这是因为夜晚和清晨的环境安静,白天声音嘈杂的缘故。这样的解释只说对了一部分,其实主要原因是声音会"拐弯"。这是怎么回事?声音有个怪脾气,它在温度均匀的空气里笔直传播,一碰到空气温度有高有低,它就爱挑温度低的地方走,于是声音就拐弯了。这是声音的折射现象。

白天，太阳把地面晒热了，接近地面的空气温度比空中的高。钟声发出以后，传不了很远就往上拐到温度较低的空中去了，因此在一定距离以外的地面上听起来不清楚，再远人们就听不到这个声音了。在夜晚和清晨情况则相反，接近地面的气温比空中低，钟声传出后就顺着温度较低的地面推进，于是人们在很远以外也能清晰地听到钟声。

"隔墙有耳""闻其声而不见其人"说的都是声音的衍射现象。任何波都具有衍射的性质或者说衍射的能力。衍射指波在传播途中遇到障碍时偏离原来的直线继续传播的现象。波能发生明显衍射的条件是，障碍物的尺寸与波长相近，甚至比波长更小。

从分贝说起
——声音的三要素

有的人喜爱音乐，甚至走路时也要戴上耳机体验美妙的乐声。我们知道，较强的噪音会给人耳带来伤害，但其实好听的音乐也一样，当音量达到一定数值，就会导致我们的耳蜗损伤。那么音量多大才合适？建议在 60 分贝以内。给你一个可操作的标准：如果你戴着耳机还可以听到旁边的人正常说话，即耳机里的声音不妨碍彼此间的交流，这就是一个合适的音量。如果连旁边人说话都听不到了，耳机里的声音就超过 80 分贝了，这时听力的慢性损伤已产生并开始累积。听力的慢性损伤是一种渐进性的不可逆损伤，就像温水煮青蛙，一开始浑然不觉，一经发现为时已晚，没有办法能使听力再恢复到正常水平了。此外，给你一个小建议——千万别戴着耳机睡觉。

那么，分贝是什么呢？分贝是响度的具体数值，而响度是声音的三要素之一。

从波的角度来说，声波可以用频率、振幅等来描述。对于人的听觉来说，声音要通过音调、响度和音色来描述，它们合称声音的三要素。

音调

音调即声音的频率，单位是赫兹。音调由声源的频率决定，声源振动越快，音调越高；声源振动越慢，音调越低。音调体现为声音的高低，比如歌唱家中的男低音、女高音，又如年长者声音低沉，小孩子声音清脆。有生活经验的人向暖水瓶中倒水时，听声音就能知道水是不是满了，这是因为不同长度的空气柱振动发声频率不同，空气柱越长，音调越低。暖水瓶中水越多，空气柱就越短，发出的声音音调也就越高，尤其水要满时音调陡然升高，所以通过听音调高低变化可判断倒水的情况。

响度

响度，俗称音量，是人主观上感觉到的声音的大小，由声波振幅和人耳到声源距离决定，大小用分贝（dB）数来体现。分贝不是一个单位，而是一个数值，用来量化声音的大小。生活中的声音各式各样，若以声压（大气压受到声波扰动后产生的变化）值表示，变化范围可达六个数量级（百万倍）以上，表示起来不方便。另一方面，人体听觉对声信号强弱的刺激反应也不是线性的，而是成对数比例关系（10 的常用对数为 1，100 的常用对数为 2，依次类推）。于是，分贝数定义为声源功率与基准声功率比值的对数乘以 10 的数值。从分贝的定义来看，音量增加 10 分贝相当于声音蕴含的能量（功率）变为原来的 10 倍，所以分贝较高时，人耳接收的声波能量很大。人们把理论上能听到的频率为 1000Hz 的最小音量定义为 0 分贝。人正常说话时的音量约为 50 分贝，空气中能产生的最大音量为 194 分贝。

分贝值	声音描述	分贝值	声音描述
-30dB	30 千米外人的说话声	75dB	人耳舒适度上限
0dB	3 米外蚊子飞动的声音	70~80dB	嘈杂喧闹的街道，高速公路汽车经过
10dB	极其安静的房间	85dB	耳蜗内的毛细胞开始受到破坏
0~10dB	人的听觉下限	90dB	食物搅拌机工作，3 米外经过的重型卡车的声音
15dB	1 米外的曲别针从 1 厘米高度落地的声音	100~110dB	气压钻机钻墙，电锯锯木头，演唱会
20~30dB	非常安静的夜晚，窃窃私语	120dB	100 秒就能引起人暂时性耳聋
40dB	电冰箱工作的声音	120~140dB	飞机起飞，火箭发射，球迷呐喊
40~60dB	室内谈话	160dB	可瞬间穿破人的耳膜
60~70dB	大声说话，闹市区、大型商场	170dB	100 米外 1 吨 TNT 炸药爆炸

音色

　　音色又称为音品。物体振动时发出的声音包含基音和泛音两部分，泛音的多寡及各自的相对强度决定了声音的音色不同。如同"世上没有两片完全相同的树叶"一样，天下也没有两个完全相同的声音。不同的人发出的声音音调、响度有可能相同，但音色绝不会相同。正因如此，和你朝夕相处的几个同学在室外说话时，你通过听声音就可以知道说话的人是谁，所谓"闻其声知其人"。

听不到的声音
——超声波与次声波

"原来你不会说话！"
"我会说，你才不会！"

　　1794 年，一位意大利生物学家做了这样一个实验：他在房间里挂了许多铃铛，然后让蝙蝠在房间中自由地飞。第一次对蝙蝠无任何限制，铃铛未响；第二次蒙住蝙蝠的眼睛，铃铛也未响；第三次塞住蝙蝠的耳朵，结果房间中的铃铛响了。这一实验发现，蝙蝠对物体的定位并不是依靠视觉，而是用一种我们人类听不到的声音探路。人们这才意识到，原来夏天的夜晚比我们以为的要吵闹得多。

人听不到蝙蝠发出的声音，同样，蝙蝠也基本上听不到人发出的声音。这是因为，人、蝙蝠的发声范围和对方的听觉范围重叠部分极少。如果让人和蝙蝠进行对话，那么在蝙蝠看来，人类就是一群个子很大的、只张嘴不出声的怪物。其实大家都是可以发出自己的声音的，只是频段不同。

人的耳朵只能听到频率在 20~20000Hz 之间的声音，这样的声音称为可闻声波。那些频率超过 20000Hz 的声音称为超声波，频率低于 20Hz 的声音称为次声波。人类、动物的发声与听觉范围不尽相同。

人耳听不到超声波和次声波，是因为不够灵敏吗？如果我告诉你，有这样一种"仪器"，它最小可以探测到幅度只有空气分子大小的十分之一的微小振动，和相当于大气压十亿分之一的压力变化——这种"仪器"并不是某种先进的高科技探测仪，而是我们的耳朵！显然人类听不到超声波和次声波并不是耳朵不灵敏，学术界普遍认为这是复杂的自然演化的结果。但是，听不到并不妨碍我们研究超声波和次声波的特点，并对它们加以应用。

超声波与次声波的应用

超声波的频率高、能量集中、穿透能力强，波长很短且指向性好，在水中传播距离远，可用于声呐测距、测速、探伤、清洗、粉碎、杀菌消毒等很多方面。

汽车的倒车雷达、渔船的捕鱼声呐使用的是超声波。人们也使用超声波探测金属、陶瓷、混凝土，检查内部是否有气泡、空洞和裂纹，这称为"超声探伤"，是铁路部门检测铁轨的主要手段。

把超声波通入水罐中，高频的超声波引起水剧烈振动，会使罐中的水破碎成许多雾状小水滴。再用小风扇把雾滴吹出来，可以增加室内空气湿度，这就是超声波加湿器的原理。

医院里的体外碎石机利用超声波穿透人体，引起病人体内的结石激烈震荡，使之碎化。清理一些金属零件、玻璃和陶瓷制品上的污垢是件麻烦事，但使用超声波就不同了，在放有这些物品的清洗液中通入超声波，清洗液的剧烈振动冲击物品上的污垢，能够很快清洗干净。

人们还采用超声波灭鼠除虫。研究发现，超声波可以伤害鼠类和害虫的神经系统，使之失去觅食、饮水与躲藏能力。鼠虫驱除器就采用这一科学发现，用宽频带的超声波驱除各种鼠类和虫害，这种驱除器对食品和物品无污染、无腐蚀，对人也没有危害。

次声波频率低，波长长，不易被水和空气吸收，能绕开某些大型障碍物发生衍射。因而次声波不容易衰减，某些次声波甚至能绕地球 2~3 周。

次声波的重要应用是监测灾情、预测自然灾害性事件，因为一些自然灾害如地震、火山喷发、台风等在发生前和发生时都伴有次声波的发生。日常生活环境中的一些现象（如轮船航行、汽车飞驰、大桥摇晃等）也可能伴有次声波的发生，只不过其频率不在人耳可闻范围内，人类无法感知，但是一些动物如大象、狗等能够听到部分次声波。

需要注意的是，次声波如果和周围物体发生共振，能放出很大的能量，如 4~8Hz 的次声波能在人的腹腔里产生共振，可使心脏出现强烈共振和肺壁受损，严重时可致人死亡。

"爷爷奶奶听见——我说话吗——"

虽说人的听力频率范围是 20~20000Hz，但由于成年人在听觉上长久的劳损，很多人在中年以后开始丧失对高频率声音的听觉能力，医学上称为老年性耳聋。大部分年龄在 40 岁或者 50 岁以上的成年人具有这种症状，只是他们本人对此没有明显的感觉罢了。一些老年人感慨："老了耳朵不好使了，声音听不见了。"如果你去认真调查一番，也许会发现，同一位老人某些声音即使很响也没法听见，可是某些较轻的声音却能够听见。

汽车测速背后的原理
——多普勒效应

多普勒效应

你在路上注意过这种"眼"吗？为了交通安全，交通部门在很多道路上设置了限速指示牌，并在一些重要的地点设置了汽车测速装置，人们一般叫它"电子眼"。这些"电子眼"是如何帮助交通警察发现违章超速车辆的呢？这就要从多普勒效应说起了。

多普勒效应是指由于波源与观察者之间存在相对运动，使得观察者接收到的波频率不等于波源频率的现象。当波源与观察者相对靠近时，观察者接收到的波频率大于波源频率；当波源与观察者相对远离时，观察者接收到的波频率小于波源频率。

多普勒效应的发现源于一个偶然的时机。1842年的某一天，有个奥地利人路过铁路交叉口时，正好有一列火车从他身旁驶过。他发现火车由远而近向他驶来时，汽笛声变响，同时音调变高。而火车离他远去时，汽笛声变弱，同时音调变低。对于这个现象，他觉得很有趣，并进行了研究。他发现这是因为振源与观察者之间存在着相对运动，使观察者听到的声音频率不同于振源的频率，即发生了频移现象。进一步的研究表明，当声源接近观测者时，声波的波长减小，音调变高；当声源离观测者而去时，声波的波长增加，

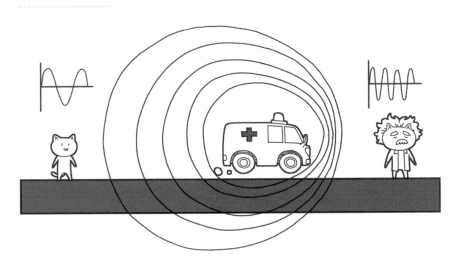

音调变低。声源、观测者间的相对速度与声速的比值越大，声音频率的改变即音调变化就越显著（波长也会相应地改变）。这个人就是奥地利物理学家、数学家多普勒，后来人们就把上述效应称为多普勒效应。

"抓住你啦！"

常见的车速测量方法有以下几种：第一种在地面埋设感应线圈或感应棒，用电磁感应原理，依据车辆经过平行线圈的速度判断是否超速，并配合拍照。这种方法优点是测量准确，缺点是维护成本高且低温不适用，因此南方地区采用较多。第二种视频拍照法，拍摄高速移动车辆时要有足够快的快门和足够多的像素以及相应的图像算法，技术要求高，也受天气和光线影响，现在多用来对付闯红灯等违章行为。第三种微波雷达测速，是主流的手段。此外还有超声检测、红外检测和激光检测等。除前两种外，后面的方法都用到了多普勒效应。

多普勒效应如何应用于汽车测速？我们用简化的超声测速装置原理图来做一个简单分析。工作时，固定不动的小盒子 B（即测速探头）向被测汽车发出短暂的超声波脉冲，脉冲被运动的汽车反射后又被 B 盒接收。假设从 B 盒发射超声波开始计时，经时间 Δt_0 再次发射超声波脉冲，可以做出超声波连续发射两次的 x-t 图像。两超声波脉冲遇到汽车时的位置与 B 盒的距离分别为 x_1、x_2，所以汽车平均速度为 $\dfrac{2(x_2 - x_1)}{t_2 - t_1 + \Delta t_0}$，在 Δt_0 很小时，可认为是汽车的瞬时速度。这里谈到的计算过程，实际都是由计算机自动完成的。

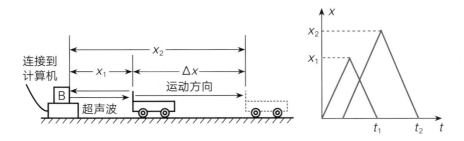

仰望宇宙

多普勒效应不仅适用于声波，也适用于电磁波。宇宙大爆炸理论是现代宇宙学中最有影响力的一种学说，而这一学说的根基源于 1922 年美国天文学家哈勃观测到的红移现象。他发现远离银河系的天体发射的光线（电磁波）频率变低，即移向光谱的红端，称为红移。根据多普勒效应，可以得出宇宙正在膨胀的

结论！1927 年，比利时物理学家勒梅特首次提出宇宙大爆炸假说。1929 年，哈勃发表了关于星系退行的论文，提出了星系都在互相远离的宇宙膨胀说，并给出了哈勃定律：星系的红移量与星系间的距离成正比。

世界充满色彩的原因
——光与物体的颜色

一张鹦鹉的简笔画，鹦鹉的嘴涂成了红色，翅膀涂成了绿色，这是你在日光下看到的颜色。如果你用红光照射它时，鹦鹉的嘴和翅膀是什么颜色呢？你可以试一试，会发现在红光的照射下，鹦鹉的嘴仍然呈红色，但翅膀却呈现为黑色。这是为什么呢？物体的颜色究竟是怎么回事呢？

　　颜色是一种奇异的现象，其中包含着简明的物理学原理和复杂的心理学因素。颜色是存在于人脑中的一种主观感知，你眼中的红色与另一个人眼中的红色也许并不相同，只是你们都称之为红色罢了。一个关于颜色的问题——如果人眼不能看见玫瑰，它仍然是红色的吗？答案是：不知道！玫瑰是否为红色，由光源、玫瑰本身和人眼及大脑共同决定。光、物体和观察者三个因素，对颜色种类的确定缺一不可，而物体又分为发光体和不发光体两种类别。

发光体的颜色

　　生活中有各种各样的发光体，像太阳这样可以自行发光的物体称为光源。光源有自然光源和人造光源，不同的光源可以发出不同颜色的光，发光体的颜色就是其所发出光的颜色。能引起色彩视觉感受的光是可见光，属于电磁波大家族中的一员，具有特定的频率与波长，把这些光依次排列起来就是可见光谱。

　　一束阳光通过三棱镜后，各个波长的光被分解开来，这一现象是牛顿首先发现的。1666年的一天，牛顿在漆黑房间的窗户上开了一条窄缝，让阳光射进来并通过一个玻璃三棱镜，结果窗户对面的墙上出现一条七色光带，按红橙黄绿青蓝紫顺序，一色紧挨一色排列，就像雨过天晴的彩虹。这条七色光带就是太阳光谱，而且七色光如果再通过一个三棱镜，还能还原成白光。研究发现，仅用红、绿、蓝三种颜色的光也可以合成白光，红绿蓝后来被称为三原色。自然界中的色彩没有纯粹的原色，一般都是以各种色光混合形式存在的。

太阳光谱各种色光的波长与频率

颜色	红	橙	黄	绿	青	蓝	紫
波长 /nm	740~625	625~590	590~565	565~500	500~485	485~440	440~380
频率 / ×10^{14}Hz	4.1~4.8	4.8~5.1	5.1~5.3	5.3~6.0	6.0~6.2	6.2~6.8	6.8~7.9

不发光体的颜色

发光体的颜色就是它发出光的颜色，不发光体的颜色呢？当阳光照耀大地，我们的世界五彩斑斓，这并不是光的独奏，而是天地万物与它的合唱。光照射在物体上，物体会和光发生诸多作用：吸收、透射、反射、折射、干涉、衍射、散射甚至辐射，其中吸收和反射最为常见。不同物体对不同颜色光的反射、吸收性能不同，会形成不同的光能量谱。不同的光能量谱进入眼睛，使人感知到不同的颜色。

不发光物体又可分为透明物体和不透明物体，透明物体的颜色是光通过物体后表现出来的。蓝色玻璃呈蓝色是因为它只允许蓝色光透过，其他颜色的光被玻璃吸收了。不发光也不透明物体的颜色主要是由反射光谱决定的，即便是我们看到的单色物体，其反射光谱也包含多种波长的色光。比如一片绿色树叶，用仪器分析其反射光能量，会发现叶子并不只是反射绿色波段的光谱，而是从蓝色到红色都有反射，也就是说我们看到的树叶绿色里也包含了蓝色、黄色、红色和紫色等。树叶的绿色是眼睛传给大脑的一个整体印象，是接收到的所有波长光的叠加效果。任何物体都不能对色光全部吸收或反射，因此实际上不存在绝对的黑色或者白色。我们常说的黑、白、灰色物体中，白色物体对光的反射率是 64%~92.3%，灰色的反射率是 10%~64%，黑色的反射率是 10% 以内，但也有反射。

哈哈镜与万花筒
——光的反射

　　我们平时对着镜子整理仪容仪表。如果把镜子的平整表面加工成凸凹不平的曲面，这时人照起镜子来，将看到自己奇异的扭曲面貌。这令人忍俊不禁，故这样的镜子称为哈哈镜。不过同平面镜一样，哈哈镜的成像也是光的反射形成的，仍然遵循光的反射定律。

知识卡片

光的反射是指光线入射到两种介质的界面上时，其中一部分光线折返回原介质中传播的现象。光的反射定律：反射光线、入射光线和法线在同一平面内，反射光线和入射光线分居于法线两侧，且反射角等于入射角。反射现象光路可逆原理，即光线逆着反射光线的方向投射到界面上，会逆着原来入射光线的方向反射出去。

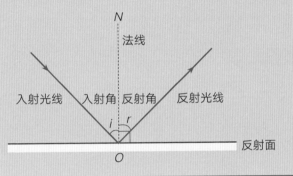

光照射到介质表面时，由于介质表面的反射性质不同，其反射光线的特性也不尽相同，中学阶段把光的反射分为镜面反射和漫反射两种基本形式。

一束平行光在光滑物体表面发生反射，反射后的光线也相互平行，这种反射就是镜面反射，或称为光的单向反射。生活中照镜子就利用了平面镜的镜面反射，平面镜成的像是正立等大的虚像，像与物关于镜面对称。成语"镜花水月"多用来比喻虚幻的景象，是因为人们都知道"镜中花""水中月"并不是真实的"花"和"月"。光滑平整的玻璃表面、平静的水面等也常发生镜面反射，带给我们一些不同寻常的视觉反馈。

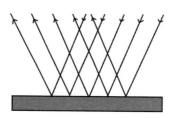 

　　平行光线投射到粗糙、不平整的物体表面上被反射后，反射光线会向各个方向分散，这样的反射称为漫反射。漫反射成像是人的眼睛能看清物体全貌的主要原因。

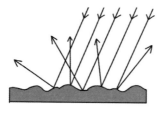 

　　除镜面反射和漫反射外，有人提出了光的另一种反射形式——扩散反射。扩散反射本是声波反射中的用语，但人们发现光在一些看似光滑平整的物体表面反射时，会在某些方向上形成圆锥状的反射光束，如金箔、铝箔等有金属光泽的表面，都能产生这种形式的反射现象。如果人们逆着反射光束圆锥角的范围去观察，能看见物体表面反射点是亮的，但亮度感觉会有所不同。这是因为发生反射的物体表面总有些细微的凹凸分别，光束发生了一部分镜面反射，也发生了一部分漫反射，从而形成反射叠加。反射叠加有时可以产生美丽的对称图像，有一种光学玩具万花筒，将有鲜艳颜色的实物放于圆筒一端，圆筒中间放置三面平面镜，另一端用开孔的玻璃密封，从孔中看去就可看到无限变幻的华丽图像。19世纪初期，从事光学和光谱研究的物理学家大卫·布鲁斯特爵士发明了万花筒。布鲁斯特将三面镜子放在一个圆筒里，再将彩色花纸放在筒端的两层玻璃间，利用镜子的反射形成各种叠加图像，转动万花筒就可以看到不断变换的图案。这个一动就能产生美妙图案的小玩具很快风靡全世界。有意思的是，一旦某个图案消失了，也许要再转动几百年才能出现完全相同的组合，因此每个图案都是独一无二的，值得好好欣赏。

梦幻般的天气现象何时出现

——光的折射与全反射

唐诗有云:"潭清疑水浅,荷动知鱼散。"这里的"疑水浅"是什么道理?虹与霓都是七彩的,二者有什么区别?海市蜃楼又是怎么回事?利用有关光的折射与全反射的知识,可以对这些现象进行解释。

知识卡片

光的折射定律(斯涅耳定律):折射光线在入射光线和法线所决定的平面内,折射光线和入射光线分居法线两侧,入射角和折射角的正弦之比对所给定的两种介质来说是一常量,即 $\dfrac{\sin i}{\sin r}=n$。对于光从空气射入透明介质发生的折射,前式中的 n 称为绝对折射率,简称为折射率,它反映了介质的传光特性。不同频率的光在同一介质中的折射率略有不同,紫光的折射率要大于红光的折射率,绝对折射率均大于1。光的折射中光路可逆。

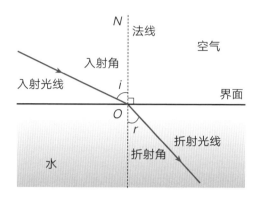

"潭清疑水浅"，是我们站在岸上看水中的物体时，觉得物体离水面更近了。这是因为光从水中斜射入空气中时，折射角大于入射角，我们逆着光线看过去，会认为光是从物体上方的点发出的，我们看到的是光线经过折射形成的虚像。插进盛水的碗里的筷子，看起来向上弯折也是这个原因。折射所成的虚像只是人根据光沿直线传播的经验而形成的一种判断，像与实物的真实位置并不一致。实际上，人在岸上看水中的物体，或在水中看岸上的物体，虚像位置均比实物高。思考一下：渔人叉鱼时，应该把鱼叉对准鱼吗？

棱镜是一种常用的光学仪器，它有两个折射面。光从一个面射入，经过两次折射后从另一个面射出，出射光线会向底边方向偏折。偏折角与折射率有关，由于同一种介质对不同色光有不同的折射率，各种色光的偏折角不同，所以白光经过棱镜折射后产生色散现象，形成"七色光"（实际有无数种色光，为了简便起见，人们只用七种颜色作为区别）。

雨过天晴，天空中出现虹和霓，也是光的折射色散形成的，但其中还包含着光的全反射。

知识卡片

全反射：两介质相比，折射率大的叫光密介质，折射率小的叫光疏介质。当光从光密介质射入光疏介质时，由折射定律可知，折射角总大于入射角。折射角恰好等于 90° 时的入射角称为临界角，用 C 表示，有 $\sin C = 1/n$。发生全反射的条件是：光须从光密介质射向光疏介质，且入射角大于临界角。

雨后天空中悬浮着许多小水珠，阳光射入形状接近球形的小水珠，在一定条件下可以形成虹，甚至形成霓。虹的产生是由于阳光射入水珠，发生两次折射和一次全反射；霓的产生是由于阳光射入水珠，发生两次折射和两次全反射。虹的红光在最上方，其他颜色在下，而霓的色彩分布和虹相反，红色在内侧。霓要比虹暗一些，因为两次全反射不仅产生了更多的光能损耗，还造成霓的散布区域比虹更宽。有时在天空中可以同时看到虹和霓，霓总在虹的外侧出现，而且与虹同心，因其较暗也被称为副虹。

　　光的折射和全反射也是海市蜃楼的成因。海市蜃楼，又称蜃景，它的出现与地理位置、大气状况有密切的关系。山东蓬莱海面上常出现这种幻景，古人归因于蛟龙之属的蜃（大蛤蜊）吐气而成水上楼台，因而得名。海市蜃楼常常在同一地点重复出现。形成蜃景时，远处物体上一些射向空中的光线，由于不同高度空气疏密不同，发生折射甚至全反射，逐渐弯向地面，进入观察者的眼睛。人逆光望去，就"看见"了远处的物体。蜃景分为上现蜃景和下现蜃景，上现蜃景在实际物体的上方，影像是正立的；下现蜃景则成像于实际物体的下方，影像是倒立的。上现蜃景常出

现于海上，故称海市蜃楼。下现蜃景出现在沙漠中和曝晒下的柏油路面上，也称为沙漠蜃景或高速路蜃景，看上去好像由地面反射而来，影像不稳定。夏季有时在柏油路上向前看去，发现前方某一部分路面就像满溢的水一样晃动，这就是下现蜃景。

肥皂泡为什么是彩色的？
——光的干涉

轻轻蘸一蘸肥皂水，就可以吹出多彩的泡泡。跟着微风轻盈舞动的泡泡随阳光照射角度变化，显现出奇异的色彩。肥皂膜本身是无色的，而肥皂泡为什么是多彩的呢？

在平静的水塘中丢下一块石头，水面就会激起涟漪。如果从同样高度同时丢下两块大小相同的石头，在它们激起的水波相遇的区域水面起伏更剧烈。从波纹中心向外，不仅有同心圆状的波纹，还有辐射状高低相间的波纹。这种两列相同的波相遇后的叠加，物理学上叫作干涉。干涉是波的基本特征之一，声波有干涉现象，两列光波相遇时也可能发生干涉。

相同种类的两列波在同一介质中传播发生重叠时，重叠范围内介质中的质点同时受到两列波的作用，此时这些质点的振动位移等于两列波各自传播所引起的振动位移的矢量和，这称为波的叠加原理。如果参与叠加的这两列波频率相等，振幅相等或相差不大，会在叠加区域形成某些点的振动始终加强，某些点的振动始终减弱的干涉现象。发生干涉的两束光必须满足干涉条件，即频率相等、相差恒定。

普通光源发出的光不是相干光，得到相干光是观察到光的干涉最大的难点。英国物理学家托马斯·杨于 1801 年在实验室中第一次成功地观察到了光的干涉，他用单色光穿过单缝和双缝，得到相干光，在双缝后面的白色光屏上看到了明暗相间的干涉条纹。

相干光的获得还有一种重要的方法：一束光照射到薄膜上，一部分在膜的前表面发生反射，另一部分折射进入液膜内，在膜的后表面反射。这两部分光是由同一入射光产生的，满足干涉条件。肥皂泡由于重力作用形成楔形薄膜，光在前后两面发生反射，反射光是相干光，可以发生干涉，这种干涉称为薄膜干涉。

我们来分析一下肥皂泡多彩的原因。肥皂薄膜本身无色，就像一张透明的玻璃纸一样，阳光在肥皂膜

的两个表面都会产生反射。穿过外表面在内表面处反射回来的光与外表面处直接反射的光会产生干涉，有些光线互相加强，有些光线互相减弱，甚至完全抵消。阳光是由多种单色光组成的，如果在肥皂泡的某一处恰好使得两束反射回来的红光相互抵消了，在这个地方看到的就是失去了红光的阳光，因此呈现出蓝绿色。而在肥皂泡的另一部分，某种色光得到了加强，呈现出来的就是另一种颜色。肥皂泡就是这样把阳光分解，而呈现出色彩斑斓的图案。

薄膜干涉现象在生活中容易观察到，不仅肥皂泡会产生这种现象，光线射入任何透明薄膜都可以发生。比如我们常见到水面或玻璃上的油膜、蜻蜓的翅膀、CD 光盘等，它们在阳光的照射下，都会显得色彩缤纷，道理与肥皂泡呈现彩色是一样的。

如果薄膜是空气，同样可以发生薄膜干涉，如楔形平板干涉和牛顿环。若使两个很平的玻璃板间产生一个很小的角度，就构成一个楔形空气薄膜。用已知波长的单色平行光照射，空气薄膜上下表面反射的光会发生干涉。如果玻璃板表面有细微的凹凸，观察到的将是间距不相等的干涉条纹。玻璃板表面平整，观察到的是规则的干涉条纹。这可以用于检测平面是否平整，精度可达微米级。

牛顿环是牛顿在 1675 年首先观察到的一种干涉现象。将一个曲率半径很大的凸透镜的凸面和一平面玻璃接触，在日光下或用白光照射时，可以看到接触点为一暗点，其周围是一些明暗相间的彩色圆环。而用单色光照射时，则表现为一些明暗相间的单色圆环。这些圆环的间距不等，随距中心点距离增加而逐渐变窄。它们是由球面上和平面上反射的光线相互干涉而形成的干涉条纹。在加工光学元件时，人们常采用牛顿环的原理来检查平面或曲面的表面精度。

入射光

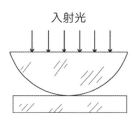
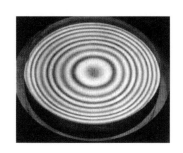

利用薄膜干涉还可以制造增透膜和增反膜。薄膜光学厚度等于入射光波长的四分之一时，所有反射光相叠加的结果可以实现反射相消，因而形成透射增强，这种膜称为增透膜。有些眼镜、照相机的透镜表面上镀有增透膜，呈现淡淡的蓝紫色。因可见光有多种色光，而膜的厚度是唯一的，所以只能做到一种颜色的增透效果。鉴于可见光中绿光成分较多，人们一般按照绿光的波长确定增透膜的厚度。这种情况下绿光没有了反射，看到的镜头反光颜色就是淡淡的蓝紫色。

同样道理，如果想增加光的反射，可以在物体表面镀上增反膜，只需其光学厚度等于入射光波长的二分之一就行了。增反膜常见于汽车玻璃贴膜、展览射灯、滑雪眼镜等用途。

雪地反光被镜片反射，不再刺眼了!

3D 电影的奥秘
——光的偏振

2009 年,《阿凡达》掀起了人们观看 3D 电影的热情。3D 电影提升了观影逼真感,观众看到的影像好像真的从幕后深处脱框而出,扑面而来,感觉触手可及,如身临其境。3D 电影也叫立体电影。为了看到立体的电影画面,观影人需要佩戴特制的眼镜,如果不戴眼镜,直接看银幕上的图像是模糊不清的。这究竟是怎么回事呢?我们要从横波与纵波说起。

是横是纵？

质点振动方向与波的传播方向垂直的波是横波，质点振动方向与波的传播方向平行的波是纵波。如果取一根软绳，一端固定在墙上，手持另一端上下抖动，可在软绳上形成一列横波。如果让软绳穿过一块带有狭缝的木板，狭缝与振动方向平行，振动可以通过狭缝传到木板的另一侧；如果狭缝与振动方向垂直，则振动就被狭缝挡住而不能向前传播。如果将这根绳换成细软的弹簧，前后推动弹簧形成纵波，则无论狭缝怎样放置，弹簧上的纵波都可以通过狭缝传播到木板的另一侧。

受上述现象启发，我们可利用类似的实验来判断光波是横波还是纵波。用偏振片代替有狭缝的木板，来观察光波的表现。偏振片由特定材料制成，它上面有一个特殊的方向——透振方向，只有振动方向与透振方向平行的光波才能通过偏振片。偏振片对光波的作用就像狭缝对机械波的作用一样。使用阳光或灯光作为光源，实验的结果如下：当只有一块偏振片时，以光的传播方向为轴旋转偏振片，透射光的强度不变。当两块偏振片的透振方向平行时，透射光的强度最大，但是比通过一块偏振片时要弱。当两块偏振片的透振方向垂直时，透射光的强度最弱，几乎为零。上述实验表明光是横波。

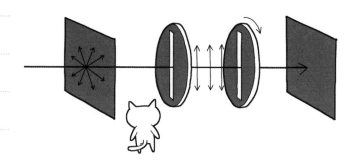

光的偏振及其应用

从光源（如太阳、电灯、蜡烛等）直接发出的光称为自然光，其各个方向的振动强度相同。自然光通过偏振片后只沿某个特定方向振动，称为偏振光。

知识卡片

光的偏振是指光振动方向对于传播方向的不对称性，是横波区别于纵波的最明显的标志。除了从光源直接发出的光外，我们通常看到的绝大部分光都是偏振光。自然光射到两种介质的界面上，如果光入射的方向合适，使反射光与折射光之间的夹角恰好是90°，这时反射光和折射光就都是偏振的，并且偏振方向互相垂直，此时的入射角称为布儒斯特角。

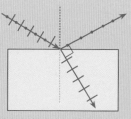

3D 电影是光的偏振现象的应用。人的两只眼睛同时观察物体，不但能扩大视野，而且能判断物体的远近，产生立体感。3D 电影是用两台摄影机如人眼那样从两个不同方向同时拍摄并制成胶片。放映时通过装有偏振片的两台放映机，把两摄影机拍下的影像同步放映，这样略有差别的两幅偏振图像就重叠在银幕上。观众戴上偏光眼镜观看，每只眼睛只看到相应的偏振光图像，即左眼只能看到左侧放映机的画面，右眼只能看到右侧放映机的画面，这样就会产生立体感。这就是观看 3D 电影需要佩戴偏光眼镜的原因。

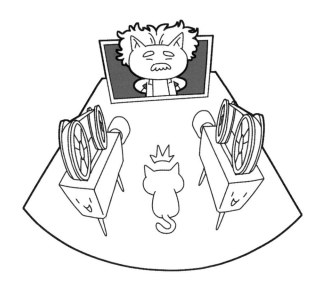

光的偏振现象有很多应用。摄影时，被拍摄物体的表面会发出杂乱的眩光，严重影响成像质量。为了减弱或者消除杂散光、眩光等干扰，我们可以在镜头前面搭配偏振镜。图像软件能产生多种多样的滤镜效果，唯独偏振镜的效果电脑无法模拟，只能在实际拍摄时一次形成。在风景摄影中，偏振镜有着不可替代的作用。拍摄水下景物时，可以去掉水面反光，拍到色彩斑斓的水底；拍摄橱窗时，可以消除玻璃上反射的霓虹灯光，拍到橱窗里漂亮的展品；拍摄蓝天白云时，可以过滤一部分天空反光，加深天空蓝色，使白云更加突显。有的太阳镜具有防眩目功能，镜片也是偏振镜。

看不见的光
——红外线、紫外线 与 X 射线

阳光中包含的"光"有无线电波、红外线、可见光、紫外线、X 射线、γ 射线，其中的一些光，看不见摸不着，却实实在在地存在于我们的周围，影响着我们的生活。它们与可见光一样，都属于电磁波。

电磁波家族中的每个成员在真空中的传播速度都相同，数值为光速 $c = 3.0 \times 10^8 \text{m/s}$，而且它们的波长与频率成反比（$c = \lambda f$）。从红光到紫光的可见光频率比无线电波的频率要高很多，同时可见光的波长比无线电波的波长短很多。而 X 射线和 γ 射线的频率则更高，波长更短。

为全面了解各种电磁波，我们将电磁波按照波长或频率顺序排列，这就是电磁波谱。电磁波谱按频率由小到大依次是：无线电波、红外线、可见光、紫外线、X 射线、γ 射线。接下来我们来了解一些红外线、紫外线与 X 射线的有关知识。

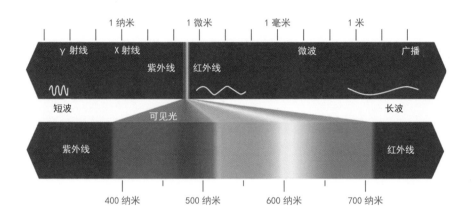

红外线

被誉为"恒星天文学之父"的英国天文学家威廉·赫歇尔在 1800 年发现了红外线。他用三棱镜将太阳光分解开，以研究光谱中各种色光的热效应。结果温度计在光谱红光区域的外侧升温最快，说明那里有看不见的光线射到温度计上。这意味着在太阳光谱中，红光的外侧必定存在看不见的光线，这就是红外线。红外线是一种波长比红光长的不可见光，其波长范围很宽，在 $750\sim1\times10^{6}$nm 之间。

　　一切物体都会因自身的分子运动而不停地向周围空间辐射红外线，物体温度越高，辐射红外线本领越强。物体红外辐射能量的大小及其按波长的分布与它的表面温度有十分密切的关系。将物体红外辐射的功率信息转换成电信号就可以准确地得知其表面温度。捕捉物体表面温度的空间分布，经电子系统处理，传至显示屏上，可得到与物体表面热分布相应的热像图。运用这一方法，便能实现对目标远距离测温和热状态的图像分析，这就是红外检测器（如红外夜视仪）的基本原理。

　　红外线还有很多其他应用，其中最显著的作用之一是热作用，物体吸收红外线后温度会上升。根据这一原理，医生用红外线照射病人膝关节，可治疗风湿性关节炎，厨房中的烤箱也是利用红外线的热作用。此外，人们利用红外线波长较长的特点进行遥控和遥感，电视机遥控器、感应门、自动出水龙头都是使用红外线实现控制的。红外遥感技术可探测远距离物体反射或辐射出的具有红外特性差异的信息，确定其性质、状态和变化规律，在军事侦察、天气预报、地质勘测、污染监测等领域有广泛应用。

　　还有，你也许已经发现，把遥控器对着电视周围墙壁按按钮，有时也可以控制电视，这说明什么？

紫外线

德国物理学家、化学家里特 1801 年发现了紫外线。他把一张在氯化银溶液中浸泡过的纸，放在棱镜分解的可见光谱的紫光区域外侧。里特发现，紫光外部的纸片强烈地变黑，说明纸片的这一部分被看不见的射线照射，这就是紫外线。紫外线的波长比紫光短，波长范围为 10~400nm。高温物体发出的光中通常都含有紫外线，紫外线照射会带来荧光效应和化学作用。

紫外线很容易让照相底片感光，还能激发许多物质发出荧光。日光灯管的内壁涂有荧光粉，日光灯的光线是灯管内稀薄的汞蒸汽受激放出紫外线照射管壁产生的。钞票或商标的某些位置用荧光物质印上标记，在紫外线照射下会发出可见光，这是一种有效的防伪措施。

紫外线有化学作用，能杀死微生物，所以医院和食品工厂常用紫外线消毒。阳光是天然紫外线的重要来源，衣服、被子经常在阳光下晾晒可以灭菌消毒。适量的紫外线照射有助于人体合成维生素 D，促进身体对钙的吸收，对骨骼生长和身体健康有好处，但过量紫外线照射会使皮肤粗糙，甚至诱发皮肤癌。

地球周围包裹着厚厚的大气层，阳光中的紫外线大部分被大气层上部的臭氧层吸收，不能到达地面，因此地球上的生物得以存活。近几十年来，臭氧层受到空调、冰箱放出的氟利昂等物质的破坏，出现空洞。为了保护臭氧层，保护我们共同的家园，你有什么好的建议吗？

X 射线

X 射线是德国物理学家伦琴于 1895 年发现的，因此又称为伦琴射线，他因此获得 1901 年第一届诺贝尔物理学奖。X 射线是一种波长极短、能量很大的电磁波，波长范围为 0.001~10nm，具有很高的穿透本领，能透过许多对可见光不透明的物质，如墨纸、木料等。伦琴刚发现 X 射线时，一连几天待在实验室里，他的妻子很疑惑，于是他把妻子请进实验室，把她的手放在用黑纸包严的照相底片上，然后用 X 射线对准照射 15 分钟，显影后底片上清晰地呈现出他妻子的手骨像，手指上的结婚戒指也很清楚。这张照片成为历史上最著名的照片之一，它表明了人类可借助 X 射线，隔着皮肉去透视骨骼。

在医学上，X 射线诊断技术是最早应用的非创伤性内脏检查技术。此外，由于不同能量的 X 射线可破坏照射的细胞组织，因此也被应用于治疗某些疾病，尤其是肿瘤。但是，X 射线辐射对人体是有害的，2017 年世界卫生组织已把 X 射线辐射列为一类致癌物。不过，只是偶尔去医院检查的话，可以不必担心，因为照射时间很短，辐射量不足以造成人体伤害。

脑洞物理学

读完本章内容，同学们可以尝试进行以下探究课题，体验物理学的魅力。

1 估测声音在空气中的传播速度

准备好发令枪、卷尺、秒表等器材，你还需要找一位帮手。首先，在室外空地（如公园、运动场）上量出 200~300m 的一段直线距离，并在两端做好标记。你可以先预测一下，声音在空气中传播这段距离大约需要多长时间。然后请你的伙伴手持发令枪站在测量直线的起点处，你携带秒表站在直线终点。伙伴扣动扳机，发令枪会冒出白烟，同时发出响声。在终点处的你看见发令枪冒出白烟时按下秒表开始计时，当听到枪声时立即停止计时。利用速度公式你就可以计算出声音在空气中的传播速度了。多测量几次，求出平均值可以减小测量数值误差。

2 测量不同人的听觉频率范围

这个探究课题需要用到音频发生器和扬声器（喇叭）。音频发生器可求助于你的物理老师，学校实验室里一般都有配备。你可以请几位同学和几位老师作为被试者，以得到不同年龄人的听觉数据。测量时要找一个安静的

房间，把音频发生器和扬声器连好，调节音频发生器，使之由低到高发出不同频率声音。请被试者坐好并闭上眼睛，仔细听扬声器发声。要求刚听到声音时举手，一直到听不到声音再放下手。记录被试者举手、放手时音频发生器上显示的声音频率，即可得到被测试人听觉的频率范围。你还可以让被试者分别捂住一只耳朵，测试一下左、右耳听觉的频率范围是否一致。

3 颜色的加减法

各种色光（包括物体反光）在人眼中是用加法原理来混色的，一般以红、绿、蓝作为基本色，以不同频宽和强度搭配，在人眼中就形成不同颜色。通常，红色＋绿色＝黄色，红色＋蓝色＝品红色，绿色＋蓝色＝青色，红色＋绿色＋蓝色＝白色。

而颜料的混合遵循减法原理，指颜料从白色光中吸收某些波长色光，透射或反射出其余波长色光，使人形成色彩印象

（不过，这些透射或反射出的色光在人眼中仍用加法原理混色）。减法原理的三基色是品红、黄色和青色。品红色颜料可吸收绿光，透射或反射红光和蓝光；黄色颜料可吸收蓝光，透射或反射红光和绿光；青色颜料可吸收红光，透射或反射绿光和蓝光。试试看，在美术课的颜料中找出减法原理三基色，并用它们调出更多绚丽的色彩。

4 光路"路路通"

人的眼睛、放大镜、电影放映机、照相机、显微镜、望远镜……它们都是如何成像的？挑选你感兴趣的一种，研究它的成像原理、特点，分析一下光路。

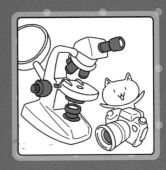

5 万花筒的制作

万花筒有趣吗？找材料自己动手制作一个吧！也可以先找一个万花筒成品，将其拆开研究内部的构造。

6 3D 电影的格式

3D 电影的格式有多种：左右格式、上下格式、交错格式、绿红格式、青红格式、红蓝格式等。试着研究和比较不同格式的成像特点、优缺点和发展前景，下次去看 3D 电影的时候，判断一下它的格式。

7 仰望星空的人类

1608 年，荷兰米德尔堡一位不出名的眼镜师汉斯·李波尔造出了世界上第一架望远镜。后来，伽利略效仿制造了可放大 32 倍的望远镜，使他得以直接观测天体并验证哥白尼日心说。1990 年哈勃空间望远镜发射后，一直在源源不断地将美丽的宇宙图像传回地球：彗星撞击木星、遥远的恒星、黑洞、宇宙诞生早期的原始星系……

望远镜不断为人类带来惊喜，让我们能有幸触碰亿万光年外的神秘，并从根本上改变着我们对宇宙的认识。查阅资料，了解望远镜的发展历史。

学霸笔记

1. 声音

物体只要振动，就一定会发出声音，但人耳不一定都能听得到。人听到的声音频率为 20~20000Hz，人发声频率为 85~1100Hz。声源振动发出的声音依靠介质传播，介质可以是各种固体、液体和气体，真空不能传声。声音在不同介质中传播速度一般不同，通常情况下气体中声速最小，固体中声速最大（空气中约为 340m/s，水中约为 1500m/s，钢铁中约为 5200m/s）。在空气中，温度越高，声速越大。

声音在空气中传播时，若遇到高大障碍物，会被障碍物反射回来形成回声。人耳区分清楚原声与回声，其间隔时间必须在 0.1 秒以上，所以人耳到障碍物的距离大于 17m 才能听到回声。

声音的三个特征要素是音调、响度和音色。声音的高低叫音调，由发声体振动频率决定。鼓皮绷得越紧，音调越高。小提琴弦丝越短越细，音调越高。吹笛空气柱越短，音调越高。人耳感觉到的声音强弱叫响度，与发声体振幅有关，振幅越大，响度越大，反之则越小。响度还与距离发声体远近有关，距离越远，响度越小。理论上人耳刚刚能听到的声音为 0dB。音色是由发声体本身材料、结构所决定的，根据音色能区分乐器或其他声源。

声波是纵波，能够传递能量与信息。频率高于 20000Hz 的声波称为超声波，具有方向性好、穿透能力强、易于获得较集中的声能等特点。超声波的应用如利用超声波回声定位制成声呐装置，利用超声波多普勒效应测定运动物体速度，还可以利用超声波清洗精密仪器、焊接等。频率低于 20Hz 的声波称为次声波，可用来预报地震、台风和监测核爆炸，一定强度的次声波会对人体造成严重的危害。

2. 光

自身能发光的物体叫光源，太阳是天然光源。太阳光（白光）通过三棱镜会发生色散，分解成多种色光。光的颜色和能量都是由光的频率决定的。光的三原色指红、绿、蓝三种色光。透明物体的颜色是由它能透过的色光决定的；不透明物体的颜色是由它能反射的色光决定的。

光在同一种均匀物质（密度均匀、不含有杂质且透明）中沿直线传播。光可以在真空中传播，速度为

3.0×10^8m/s（最大值）。光在不同物质中传播速度不同，在水中约为 2.25×10^8m/s。

光在反射和折射时遵守相应的定律，而且光路都是可逆的。反射和折射都可以成像，像有虚实之分。实际光线会聚形成的像为实像，实际光线反向延长线相交形成的像为虚像，实像和虚像都能被眼睛看到，但实像能在光屏上呈现，虚像则不能。平面镜成的像是虚像，像与物体大小相等、关于平面镜对称。凹面镜对光线有会聚作用，可制成太阳灶、车灯反光罩等。凸面镜对光线有发散作用，能扩大视野，如汽车后视镜、街头拐弯处的反光镜等。光的折射使清澈池塘的水底"变浅"，同时也是各种透镜的理论基础。

光从光密介质射入光疏介质时，折射角大于入射角。当入射角增大到某一角度时，折射光线消失，只发生反射，这种现象叫作全反射。光导纤维传输光信号利用的是全反射。

两列相同的光可以发生干涉。肥皂泡、油膜的多彩是光的干涉现象。

光是横波，可以产生偏振现象，3D 电影利用了这一原理。

光是一种电磁波，把所有的电磁波排列起来即组成电磁波谱。电磁波谱中除可见光外，其他的电磁波人眼看不见。其中，红外线比可见光波长大、频率小，具有热效应。紫外线比可见光波长小、频率大，具有荧光效应。

近代物理

To 同学们：

　　当时间来到 19 世纪末，经典物理学经历了 300 多年的发展，已进入完善成熟的阶段——宏观低速物体的机械运动准确地遵循牛顿力学规律，电磁现象和光现象的规律被总结为麦克斯韦方程组，热现象理论收编于热力学和统计物理学……不少物理学家都认为：辉煌的物理学大厦业已建成，剩下的只是进一步精细化的工作，比如在某些细节上做一些补充和修正，把各个物理学常量测得更精确一些。但就在这时，物理学晴朗的天空中飘来的两朵"乌云"影响了物理学家们的好心情。第一朵"乌云"与以太零漂移实验有关，爱因斯坦提出的相对论对此做出了圆满的回答（本书限于篇幅，我们不展开分析这个问题了，随着中学阶段物理学习的深入，同学们会与相对论相遇的）。第二朵"乌云"是黑体辐射实验结论与经典电磁理论的矛盾。它也使物理学陷入了巨大的危机之中。物理学家是怎样拨开这第二朵"乌云"的呢？

本章要点

黑体辐射与能量子

光电效应

波粒二象性与物质波

α粒子散射实验与

原子核式结构

玻尔原子模型

天然放射现象与半衰期

核裂变与核聚变

量子革命
——波与粒子的统一

黑体辐射与能量子

我们生活的世界里，所有的物体都能辐射、吸收和反射一定波长范围内的电磁波。物体辐射电磁波的情况与物体的材料、温度等因素有关，也称为热辐射。如果一个物体能全部吸收投射到它上面的辐射而无反射，这个物体就叫绝对黑体，简称黑体。有一种碳纳米管可吸收 99.965% 的入射光线，就可以视为绝对黑体。将不透明的空腔材料开一小孔，小孔表面也可以看作黑体。

黑体辐射电磁波的强度仅与黑体的温度有关，是人们研究热辐射规律的重要对象。如果黑体发射出的辐射能量和它吸收的辐射能量相等，这时我们说黑体处于热平衡状态。科学家研究了处于热平衡状态的黑体辐射，得到了辐射能量密度（辐射强度）与波长和绝对温度有关的分布规律。实验规律表明：随着温度升高，各种波长的黑体辐射强度都增加，辐射强度的极大值向波长较短的方向移动。

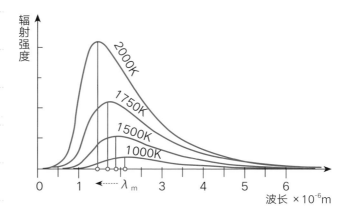

对于黑体辐射实验呈现的能量分布规律，很多人都尝试寻找一个能量分布公式来说明，但都未能成功。终于在 1894 年，德国物理学家维恩找到了一个经验公式——维恩公式，也称维恩位移定律。维恩公式的计算结果在短波区与实验规律非常接近，但在长波区出现了偏差。这个偏差引起了英国物理学家瑞利和金斯的注意，他们从麦克斯韦理论出发也得出一个公式——瑞利 - 金斯公式。这个公式在长波区和实验结果相符，而在短波区严重不符，不但不符，而且当波长趋于零时，辐射竟变成无穷大，这显然是荒谬的。由于波长很小的辐射处在紫外线波段，所以理论推理得出的这种荒谬结果，在当时被认为是物理学理论的"紫外灾难"。

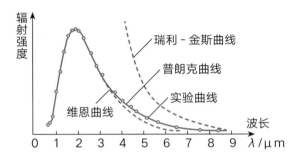

1900年10月19日，德国物理学家普朗克在柏林物理学会的一次会议上，以《论维恩辐射定律的改进》为题，提出了一个描述黑体辐射规律的数学公式。当天晚上，实验物理学家鲁本斯就拿这个公式来验证自己掌握的实验数据，发现在每个波段都符合得非常完美，第二天一早他激动地把这个结果通报给了普朗克。普朗克的公式是建立在能量量子化假设之上的：能量发射和吸收时不是连续不断，而是一份一份的，普朗克称之为能量子，后改为量子。单个量子的能量为 ε，$\varepsilon = h\nu$，h 为普朗克常量，ν 是电磁波频率。这是区别于经典物理学的一个全新的观念，用普朗克自己的话说就是："我生性平和，不愿进行任何吉凶未卜的冒险。但是我经过6年的艰苦探索，终于明白经典物理学对这个黑体辐射问题没有任何办法……抛弃旧条框，引入新概念，问题立即迎刃而解。"

1900 年 12 月 14 日，普朗克以《关于正常光谱的能量分布定律的理论》为题在另一次会议上宣布了自己大胆的假设，公布了推导相关公式的简便方法。此后，人们将这一天定为量子论的诞生日。普朗克首先提出了能量量子化的概念，以此为前提解释了黑体辐射，从而开启了量子力学的大门。普朗克也因此被尊称为"量子力学之父"。

但是，一个新观念的确立谈何容易。尤其在当时，人们已牢牢建立起了连续性的自然观，加上微积分的胜利推广，大家都对"自然界无跳跃"（莱布尼兹语）深信不疑，普朗克"分离的能量"的概念着实令人难以接受。直到几年后，瑞士专利局的一位小职员对另一个实验——光电效应的解释，给予了这一观念有力的支持，再加上一些科学家的努力，量子论才慢慢被接受。对了，那位专利局小职员的名字是阿尔伯特·爱因斯坦。

光电效应

阿尔伯特·爱因斯坦被公认为是继伽利略、牛顿之后世界上最伟大的物理学家。如今我们一提到爱因斯坦，你会想到他提出来的什么理论？肯定是相对论吧！的确，相对论是 20 世纪物理学的两大支柱之一，但事实上，爱因斯坦获得诺贝尔奖并不是因为伟大的相对论，而是源于一个他提出的关于光电效应的理论。这一理论是爱因斯坦在一个晚上仅用了几个小时完成的，那一年他 26 岁，是专利局的一名三级技术员。那一天他已在专利局工作了八个小时，还做了一个小时的兼职教师。

光电效应指的是在光的照射下金属逸出电子的现象，比如弧光灯中的紫外线照射到锌板上，锌板会失去电子而带正电。光电效应中逸出的电子叫光电子，把光电子收集起来形成的电流称为光电流。德国物理学家赫兹和雷纳德对光电效应现象进行了详尽的研究，得到了四条实验规律：

任何一种金属都有一个极限频率 ν_0，入射光的频率必须大于金属的极限频率，才能产生光电效应；低于这个频率的光不能产生光电效应。

光电子的最大初动能与入射光的强度无关，但随着入射光频率的增大而增大。

光电子的发射几乎是瞬时的，一般不超过 1 纳秒（10^{-9} 秒）。

当入射光的频率大于极限频率时，光电流的强度与入射光的强度成正比。

当试图用电磁理论和光的波动学说去解释光电效应时，科学家们陷入了困境。经典的波动理论在描述光的能量时认为：光的能量是连续的；光波振幅（光强）越大，光能越大，光的能量与频率无关。这样一来得出的结论必然是只要光强够大，总能使金属发生光电效应，而且光的强度与金属中逸出电子的动能成正比。实验结果却表明，能否发生光电效应与光强无关，而是取决于光的频率，且用同一频率的光照射时不论光强多大，所有逸出的电子都具有同样的最大动能。也就是说，金属中被打出来的电子动能也与光的强度无关。实验规律中还有一点与光的波动性相矛盾，即光电效应的瞬时性。按波动性理论，如果入射光较弱，但照射的时间加长一些，金属中的电子也能积累到足够的能量飞出金属表面。可事实是，只要光的频率高于金属的极限频率，无论光较强还是较弱，电子的产生几乎都是瞬时的。这样分析的结果是，四条实验规律中的三条波动理论都无法解释。

于是，光电效应成了摆在光波动理论面前的巨大困难。直到 1905 年，爱因斯坦通过一篇《关于光的产生和转化的一个推测性观点》的论文，对光电效应给出了一种合理的解释，问题才得以圆满解决。

爱因斯坦借鉴并进一步发展了普朗克的"能量子"假说，他提出了"光子说"：在空间中传播的光也不是连续的，而是一份一份的，每一份称为一个光量子，简称光子。光子能量和频率成正比，即 $\varepsilon = h\nu$。爱因斯坦利用光子说结合能量守恒，给出了光电效应遵循的规律 $E_k = h\nu - W$，现称为爱因斯坦光电效应方程。式中 E_k 表示电子的最大动能，W 是金属的逸出功，其数值代表了原子核对核外电子的束缚能力。根据这个方程，当光照射在金属表面时，光子的能量传递给电子，电子获得能量可能从金属中逸出。由于光子的能量只与光的频率成正比，因而只有大于一定频率的光，才能提供足够的能量把电子从金属中打出来。一个光子可以使一个电子从金属中逃逸，进而得到由光电子形成的电流。光强度增强只是提高了光子的数量，每一份光子的能量不变。但如果光子能量（频率）不够，是不能把电子"请"出来的，数量再多也没有用。如果能发生光电效应，光强增加就意味着更多电子的逸出，也就是有更大的光电流。就这样，光量子理论以简洁清晰的方式解释了光电效应，爱因斯坦也因此荣获 1921 年诺贝尔物理学奖。

爱因斯坦克服了普朗克量子假说的不彻底性，他认为光不仅仅在发射和吸收的时候是不连续的，光本身也是不连续的，在传播的过程中也是不连续的。也就是说，光自始至终都是不连续的，都是量子化的。这种观点在当时可谓石破天惊，彻底颠覆了人们对光的认识。同时，光量子理论把 200 多年前关于光的本性问题的讨论又重新摆到人们面前：光究竟是什么？是波，还是粒子？

波粒二象性与物质波

物理学中把物质的运动区分为粒子式的运动与波动，二者的行为方式截然不同。一只小鸟要么飞在空中，要么在树枝上或者其他地方休息、觅食，某个时刻只能出现在一个位置；飞向靶子的一枚子弹，不管打中几环，最终只能落在靶子的一个位置上。往池塘中扔一个石块，它激起的水波会扩散到一大片水域；老师在讲台上讲课发出的声波，教室里的每个同学都能听到。如果波表现得像粒子、粒子表现得像波，会怎样呢？老师讲了一节课，只有一个同学能听到；你向靶子发射子弹，整个靶子全是弹孔……这显然是不可思议的。我们身边的宏观世界的所有运动物，要么体现粒子的性质，要么体现波的性质，不会有混淆，更不会二者兼而有之。可是，微观世界就大不相同了。

先说说光的事儿。光是波还是粒子呢？这个问题由来已久。牛顿等人认为光是粒子，而同一时期的惠更斯等人认为光是一种波，两种观点展开了旷日持久的争论。在 19 世纪以前的 100 多年里，一直是微粒说占主导地位。直到 19 世纪初，人们从实验中观察到了光的干涉、衍射现象，证明了光的波动性，波动说才获得公认。光的波动理论迅速发展，麦克斯韦提出的电磁波理论使波动说进一步完善。20 世纪初，黑体辐射和光电效应问题的解决又让人们认识到光的粒子性（不连续性）。于是，光具有波粒二象性的观点被确立起来，并延续至今。

光什么时候显示波动性，什么时候显示粒子性呢？通过大量实验和研究，人们得出的结论是：大量光子表现出波动性，少量光子表现为粒子性；光在传播过程中表现出波动性，在与物质相互作用时表现出粒子性；光的波长越长（频率越低），波动性越强；光的波长越短（频率越高），粒子性越强。

光的波粒二象性观点令很多人难以理解，一方面是因为物理学发展到了微观领域，事物越来越抽象，另一方面我们也需要思维的转变，接受事物的多面性。比如，用光照射一个圆柱体，如果只让你根据影子来判断物体的形状，从不同的角度看，你会得到不同的答案。理解光的波粒二象性时要注意，这里的"波"不能与我们宏观观念中的波等同，"粒"也不能与通常的实物粒子等同。这里的"粒"指的是一种"量子化的不连续性"，而"波"指的是"概率波"。

何谓"概率波"？以双缝干涉为例，造成干涉图样中明纹与暗纹分布的根本原因是什么？干涉条纹之所以形成，是因为到达明纹处的光子数多，到达暗纹处的光子数少。控制通过双缝的光子数（曝光量），可以发现少量光子落到光屏上时，我们不能确定明暗纹的分布，大量光子落到光屏上才表现出明暗分布。明纹与暗纹呈现的是光子在空间各点出现的概率的大小，这种概率的大小可以用波动规律进行解释，所以从光子的概念上看，光是一种概率波。

波粒二象性是微观粒子的基本属性之一，不只是光子，任何亚原子粒子，如质子、中子、电子等，都具有波粒二象性。它们在运动中也是既像波又像粒子，这在一些精密设计的实验中都能观察到。法国巴黎大学的德布罗意于 1923 年提出电子、质子等实物粒子也具有波粒二象性，并于 1924 年在博士论文中正式发表一切物质都具有波粒二象性的论述，同时他还建议用电子在晶体上做衍射实验来验证。1927 年克林顿·戴维森与雷斯特·革末在贝尔实验室将电子射向镍结晶，观察到了电子的衍射，证实了德布罗意的理论。德布罗意因此获得 1929 年诺贝尔物理学奖，是第一位仅凭学位论文就获得诺奖的人。

德布罗意提出的与实物粒子相联系的波被称为物质波，也叫德布罗意波。德布罗意波的波长满足 $\lambda = h/p$，其中 $h = 6.626 \times 10^{-34}$ J·s，为普朗克常量，p 是粒子的动量大小。我们在日常生活中观察不到宏观物体的物质波，是因为物体质量太大，导致物质波波长比可观测的极限尺寸小得多，所以我们既看不到也测量不到，宏观物体仅表现出粒子性。

一沙一世界
——原子结构与原子核

α 粒子散射实验与原子的核式结构

人们为揭示原子结构的奥秘，经历了漫长的探索过程。1808 年，英国化学家、物理学家道尔顿最先提出了原子理论。他认为物质都是由原子直接构成的，原子是一个实心球体，是不能再分的粒子。到了 1897 年，英国科学家汤姆逊利用阴极射线管发现原子中存在电子，成为第一个发现电子的人。电子的发现使人们认识到原子是可以再分的，原子内部存在结构。汤姆逊根据自己的发现，提出了一个类似于"葡萄干蛋糕"的原子模型，也叫"西瓜模型"。汤姆逊认为原子呈圆球状，充斥着正电荷，而带负电荷的电子则像一粒粒葡萄干一样镶嵌其中。这个模型可以解释原子为什么是电中性的。

但是，1911年的一个实验证明，"葡萄干蛋糕"模型存在问题——这一模型与事实并不相符。这个实验就是著名的 α 粒子散射实验，是由汤姆逊的学生卢瑟福完成的。

汤姆逊才华横溢，而且是位优秀的导师。他28岁便当选为英国皇家学会会员，还成为卡文迪许实验室的领军人物，获得1906年的诺贝尔物理学奖。他的七个学生和儿子也获得了诺贝尔奖，卢瑟福便是其中的一位。汤姆逊发现电子是人类第一次发现比原子小的微粒，加上汤姆逊地位很高，所以"葡萄干蛋糕"模型很是深入人心。其实卢瑟福本身也是很相信这个模型的，他做 α 粒子散射实验并不是想要刻意去推翻它，只是刚好赶上人类发现天然放射现象——有一些放射性元素会自发放射出高速运动的 α 粒子。α 粒子就是氦原子核，即氦原子去掉电子后的部分，带正电。

卢瑟福及助手把金箔碾压到微米级厚度，然后在真空环境中用放射性元素粒子源发出的 α 粒子轰击金箔。经测算，实验中金箔对 α 粒子的拦截作用相当于1.5毫米的空气，所以按照汤姆逊的模型，所有 α 粒子应该都能穿过金箔沿原方向前进。然而，实验结果出乎卢瑟福意料：绝大多数 α 粒子穿过金箔后仍沿原来方向前进，少数 α 粒子发生了较大的偏转，极少数 α 粒子的偏转超过 90°，有的甚至几乎被 180° 弹回。

怎么解释少数 α 粒子的大角度偏转甚至被弹回？借用卢瑟福的话说，"就好像把一颗炮弹发射到一张纸上竟被弹回来一样不可思议"。事实摆在眼前，他不得不再提出一个新的模型来解释这些实验结果，确定了原子内部必须有个小原子核。一起来分析一下：

大多数 α 粒子能穿透金箔而不改变原来的运动方向，说明了金原子中绝大多数部分是空旷的，原子不是一个实心球体。少部分 α 粒子改变原来的方向，原因是这些 α 粒子途经金原子核附近时受到排斥而改变运动方向。极少数的 α 粒子被反弹了回来，说明 α 粒子在原子中碰到了电性相同且比其质量大许多的粒子。据此，卢瑟福提出了原子的核式结构模型：在原子的中心有一个很小的原子核，原子的全部正电荷和几乎全部质量都集中在原子核里，带负电的电子在核外空间绕核旋转。原子核很小，从尺度上看，原子直径的数量级为 10^{-10}m，而原子核直径的数量级仅为 10^{-15}m。因电子绕原子核的运动与行星环绕太阳公转类似，故原子的核式结构也称为"行星式原子结构"。卢瑟福提出的模型把原子结构的研究引上了正确的轨道，因此他被称为"原子物理之父"。

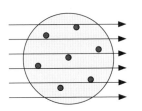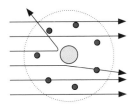

汤姆逊模型与卢瑟福模型的区别

很快,学者们发现卢瑟福模型引出了一个严重的问题。根据电动力学的经典理论,环绕原子核的电子在加速运动中会辐射出能量,造成原子的不稳定。为了完善这个模型,同时也为了便捷地解释氢原子发光的问题,玻尔原子模型诞生了。

氢原子光谱与玻尔的原子模型

在原子里面,电子运动有什么特点、运动轨道是怎样的?此类问题难以直接研究,因为原子太小了。好在核外电子在运动发生变化时会放出能量,这些能量以光子的形式辐射出来,就是发光现象。所以通过原子发出的光谱来研究原子结构是一种有效的间接方法。人们使用棱镜摄谱仪或光栅摄谱仪把光分开加以研究。

1885 年，瑞士数学家巴耳末发现氢原子光谱可见光部分的规律。后来莱曼、帕邢等人又研究了氢原子光谱中紫外线和红外线的光谱规律。这些光谱有一个共同的特点：都不是连续的，而是分立的；都是一些特定频率光的分布。

根据经典电磁理论和卢瑟福的原子模型，电子绕核做匀速圆周运动，加速运动的电子将不断向外辐射电磁波，原子不断向外辐射能量，能量逐渐减小，电子旋转的频率也逐渐改变，发射光谱应是连续谱。为什么光谱会是分立的呢？于是在 1913 年，年仅 28 岁的丹麦物理学家玻尔，创造性地把量子概念用到了当时人们有所怀疑的卢瑟福原子结构模型上，圆满解释了争论近 30 年的氢光谱之谜。玻尔也因此于 1922 年获得诺贝尔物理学奖。

为了便于理解，我们将玻尔原子模型归纳为三大假设——能级假设，跃迁假设与轨道假设：

原子只能处于一系列不连续的能量状态（定态）中。在这些能量状态中，原子是稳定的，电子虽然绕核运动，但并不向外辐射能量。

原子从一种定态跃迁到另一种定态时，它辐射或吸收一定频率的光子。光子的能量由这两个定态的能量差决定，即 $h\nu = E_m - E_n$，h 是普朗克常量。

原子的不同能量状态跟电子在不同的圆周轨道绕

核运动相对应。原子的定态是不连续的，因此电子可能的轨道也是不连续的。

玻尔理论不但成功地解释了氢光谱的巴耳末系（是电子从高能级跃迁到 $n=2$ 的能级时辐射出来的系列光），而且对当时已发现的氢光谱的另一线系——帕邢系（近红外区）也能做出很好的解释。帕邢系是电子从高能级向 $n=3$ 的能级跃迁时辐射出来的。此外，玻尔理论还预言了当时尚未发现的氢原子的其他光谱线系，这些线系后来相继被发现，也都跟玻尔理论的预言相符。

玻尔理论的提出为量子理论体系奠定了基础，但也有其局限性。这个理论本身仍是以经典理论为基础，虽然第一次将量子观引入原子领域，提出定态和跃迁的概念，但只能解释氢原子的光谱，在解决其他原子的光谱时就遇到了困难。在量子力学中，核外电子并没有确定的轨道，玻尔提出的电子轨道只不过是电子出现概率较大的地方。把电子的概率分布用图像表示时，用小黑点的稠密程度代表概率的大小，其结果如同电子在原子核周围形成的云雾，称为"电子云"。但这不影响玻尔理论的价值——它在经典力学和量子力学之间搭设了一座桥，桥的另一端有无限风光，等待人类去探索。

天然放射现象与半衰期

1903 年，居里夫妇和法国物理学家贝克勒尔由于在放射学方面的深入研究和杰出贡献，共同获得诺贝尔物理学奖。放射性的发现对于近代物理学的发展有重大意义，原子核物理学正是起源于对放射性的研究。

1896 年 3 月的一天，贝克勒尔偶然发现抽屉里用黑纸包好的感光底片感光了，与感光底片一起锁进抽屉里的是铀盐。他推测这可能是因为铀盐发出了某种未知的辐射。同年 5 月，他又发现纯铀金属板也能产生这种辐射，这是人类第一次发现某种元素的自发辐射现象。贝克勒尔最终确认了天然放射性的存在，它说明原子核内部具有复杂的结构。

居里夫人认为，不应只有一种元素具有天然放射性，其他元素也应该有同样的性质。她进行了艰苦的提炼工作，终于从铀矿渣中提炼出了一种新的元素，放射性比纯铀强 400 倍。1898 年 7 月，居里夫人将这种具有很强毒性的元素命名为"钋"。

同年 12 月，居里夫人宣布他们又发现了新的元素——"镭"。后来，居里夫妇用了四年时间，在1902 年才从 8 吨矿渣中提炼出 0.1 克镭盐，分析了镭盐的两根特征光谱线，并宣布镭的原子量为 225。镭的发现引人瞩目，卢瑟福对镭的放射性进行了研究，他发现并命名了天然放射中的两种射线：α 射线（即氦核粒子流）和 β 射线（即高速电子流）。后来，法国人维拉德发现了天然放射中的第三种射线——γ 射线，它是一种波长比 X 射线还短的电磁波。

	α 射线	β 射线	γ 射线
组成	高速氦核流	高速电子流	高频光子流
带电量	$2e$	$-e$	0
质量（质子的倍数）	$4m_p$	$m_p/1840$	静止质量为零
速度（光速的倍数）	$0.1c$	$0.99c$	c
在与速度垂直的电磁场中	偏转	偏转	不偏转
贯穿本领	最弱，用一张厚纸能挡住	较强，能穿透几厘米厚的铝板	最强，可穿透几厘米厚的铅板
对空气的电离作用	很强	较弱	很弱
通过胶片的情况	感光	感光	感光

放射性并不专属于少数几种元素。研究发现，原子序数大于 83 的所有元素都能自发放出射线；原子序数小于 83 的元素，有的也具有放射性。天然放射现象中，原子核放出 α 粒子变成另一种原子核的变化称为

α 衰变，原子核放出 β 粒子变成另一种原子核的变化称为 β 衰变，γ 射线伴随 α 衰变、β 衰变发生。

某种放射性元素的原子核，其衰变的速率是一定的。放射性元素的原子核有半数发生衰变所需的时间称为半衰期。半衰期的长短由原子核内部的因素决定，跟原子所处的物理或化学状态无关。不同的放射性元素半衰期不同，长的可达百亿年，短的还不到百万分之一秒。注意，半衰期是统计规律，对少量原子核不适用。

考古学家常使用放射性同位素作为"时钟"，来测量漫长的地质时间，这样的方法叫作放射性同位素鉴年法。三位美国科学家应用碳 -14 发明了碳 -14 年代

哪年出生忘了，帮我测一下呗？

测定法，获得了 1960 年的诺贝尔化学奖。碳 -14 的半衰期为 5730 年，衰变方式为 β 衰变，碳 -14 原子会转变为氮原子。生物在生存的时候，由于新陈代谢，吸收或放出二氧化碳的过程不断进行，体内的碳 -14 含量大致不变。生物死去后停止呼吸，体内的碳 -14 开始减少，这样我们就可以根据死亡生物体内残余的碳 -14 的组成来推断其死亡时间，也就是推断出它们生存的年代。假如有一份古生物遗骸，其中碳 -14 在碳原子中所占比例是现代生物的四分之一，说明遗骸中的碳 -14 已发生两个半衰期的衰变，其死亡时间（生存年代）距今大约 11460 年。

核裂变与核聚变

1939 年开始的第二次世界大战让人类损失惨重，但战争期间，科学技术迅速发展，原子弹的发明就是典型的例子。

先从中子的发现说起。起初，人们认为原子核都是由质子构成的，后来科学家在研究中发现，原子核的正电荷数与它的质量数并不相等。1930 年，有科学家用 α 粒子轰击铍，得到了一种穿透力很强的中性射线，他们以为是 γ 射线，未加理会。我们姑且称之为

"铍射线"吧。1931 年，居里夫人的女儿和女婿公布了他们的发现：石蜡在"铍射线"照射下产生了大量质子。英国物理学家查德威克立刻意识到，对于原子核正电荷数与质量数不等的谜题，这种"铍射线"很可能就是解谜的关键。他立刻着手研究，用云室（显示能导致电离的粒子径迹的装置）测定这种射线粒子的质量，发现其质量和质子几乎一样，而且不带电荷，他称这种粒子为"中子"。因发现中子，查德威克获得 1935 年的诺贝尔物理学奖。

中子的发现拉开了人类利用核能（原子能）的序幕。1938 年，德国物理学家奥托·哈恩发现，用中子轰击铀 -235，会生成钡 -141、氪 -92 和 3 个中子，并释放大量能量。这就是重核裂变反应，哈恩因此获

得 1944 年的诺贝尔化学奖。核裂变的发现使二战开始后的德国成立了铀俱乐部，开始研究原子弹的可行性，领头人就是哈恩，还有一大批著名的科学家，如劳厄、海森堡、盖革等。与之对垒的美国也制定了制造原子弹的曼哈顿计划，领头人是奥本海默，参与者有玻尔、查德威克、费米等。最终曼哈顿计划达成目的，原子弹以毁灭性的恐怖力量加速了二战的终结。战后，哈恩等科学家都认识到核武器的巨大危害，为警示世人与各国政府，他们后来都付出了很大的努力。

核裂变的原理其实并不复杂，就是用中子去轰击裂变材料的重原子核。通俗地说，核裂变就是原子核被中子的轰击炸开了。能被炸开的一般是元素周期表靠后的元素，统称为重原子。当一个重原子发生裂变后，生成的两个更轻的原子和中子加起来也没有重原子质量大，这种现象叫作质量亏损。核裂变放出的能量可以用爱因斯坦著名的质能方程——$E=mc^2$ 计算出来。如果质量亏损为 $\triangle m$，则释放的原子能为 $\triangle E=\triangle mc^2$，比如 1 克铀完全裂变产生的能量相当于 2.5 吨标准煤燃烧放出的能量。如果裂变物质体积大于某一个临界体积，裂变产生的中子又会轰击其他的重原子核，这样一来在极短时间内就释放了巨大的能量，这种过程就称为链式反应。经测算，1 千克的铀发生链式反应，产生的热量能烧开 2 亿吨的水！

从费米在美国芝加哥大学建立人类第一个核反应堆开始，到后来的原子弹，再到现在的核电站，这些

链式反应

都是核裂变的产物。裂变能量是人们目前利用的主要的核能量。同时，人们也发现铀矿石含铀量很小，提纯很困难，而且核裂变产生的核废料有很强的辐射，所以现在核能利用的一个重要方向是可控的核聚变技术。

核聚变指的是两个质量小的轻原子核（如氢的同位素氕、氘、氚）结合成一个稍重一些的原子核（如氦）并释放能量的核反应。核聚变过程也有质量亏损，且放出的能量更大。比如一个氘核和一个氚核结合成一个氦核，同时放出一个中子，会释放 17.6MeV 的能量，平均每个核子放出的能量在 3MeV 以上，比裂变反应中平均每个核子释放的能量大 3~4 倍。

使两个轻核聚在一起发生核反应并不容易。只有当反应物质达到百万甚至千万摄氏度以上的高温时，剧烈的热运动使得一部分原子核具有足够动能，可以克服相互间的库仑斥力，才会在碰撞时发生聚变。因此，聚变反应又叫热核反应。我们常常提起的太阳能，或者说太阳辐射的能量，就来自太阳内部不断进行的核聚变。根据质能方程和太阳辐射能数值，可以算出太阳每秒质量亏损 400 万吨，相当于 5 亿 ~6 亿吨的氢元素发生了核聚变，这是人类难以想象的景象。太阳以损耗自我质量的方式释放能量，因此太阳也是有寿命的。不过你大可放心，恒星的寿命很长，几十亿年后太阳才会坍缩成白矮星。

人类已经可以实现不受控制的核聚变，如氢弹的爆炸。但是想要有效利用核聚变能量，必须能够控制核聚变的速度和规模，实现持续平稳的能量输出，即实现受控核聚变。受控核聚变具有极其广阔的前景，一方面核聚变释放的能量更巨大，另一方面核聚变所需的原料——氢的同位素可从海水中提取。1 升海水提取出的氘进行核聚变放出的能量，相当于 300 升汽油燃烧释放的能量。受控核聚变如能研究成功，将使人类彻底摆脱能源危机的困扰，这是目前核科学家们正在研究的重大课题。

脑洞物理学

读完本章内容，同学们可以尝试进行以下探究课题，体验物理学的魅力。

1 如何用胶片保存声音

电影胶片与照相机胶片并不完全相同，电影的声音是保存在胶片上的。电影胶片为了连续放映，在画面两边还有一个个的格子，而格子内侧的一部分空间就用来存放声音信息。摄制时，把声音信号转化成光信号记录在胶片上，放映时利用光电管再逆向转换回来。电影胶片虽然经历了多次变革，这种声音的基础承载方式却是没有什么变化（当然，数字电影的声音与图像一起被转成数字信号了，那是另外一回事了）。思考一下，再查找资料，试着分析光电效应在电影技术中的应用。

2 薛定谔的猫

"薛定谔的猫"这个词总是出现，它到底是什么意思呢？难道就是一只猫吗——会量子力学的猫？查阅相关资料，尝试寻找答案吧。如果已经弄清楚了它的概念，试试看转述给别的同样好奇的人。

（提示："薛定谔的猫"是奥地利著名物理学家薛定谔提出的一个思想实验，是指将一只猫关在装有少量镭和氰化物的密闭容器里。镭有一定概率发生衰变，如果衰变发生，会触发机关打碎装有氰化物的瓶子，猫就会死；如果镭不发生衰变，猫就存活。根据量子力学理论，由于放射性的镭处于衰变和没有衰变两种状态的叠加，猫就理应处于死活叠加状态。这只既死又活的猫就是所谓的"薛定谔猫"。但是，不可能

存在既死又活的猫，必须打开容器后才知道结果。该实验试图从宏观尺度阐述微观尺度的量子叠加原理问题，巧妙地把微观物质在观测后是粒子还是波的存在形式和宏观的猫联系起来，以此求证观测介入时量子的存在形式。随着量子物理学的发展，薛定谔的猫还延伸出了平行宇宙等物理问题和哲学争议。）

3　量子纠缠？纠缠谁？

科技新闻中经常提到的"量子纠缠"是什么意思？试着简单了解一下它的概念。然后想一想，为什么它可以应用于信息安全领域，制作出更加可靠的密码系统呢？

（提示：2017年6月，中国的量子科学实验卫星"墨子"号首先成功实现使两个量子纠缠的光子相距1200千米以上仍可保持量子纠缠状态。量子保密通信技术已经从实验室逐渐走向产业化。通过发射卫星，后续就可以实现数千千米距离的量子通信。）

学霸笔记

1. 量子论、波粒二象性与物质波

1900 年 12 月 14 日，普朗克以《关于正常光谱的能量分布定律的理论》为题，宣布了自己大胆的假设。此后，人们将这一天定为量子论的诞生日。普朗克首先提出了能量量子化的概念，以此为前提解释了黑体辐射，从而开启了量子力学的大门。

光电效应指的是在光的照射下金属逸出电子的现象。光电效应中逸出的电子叫光电子，把光电子收集起来形成的电流称为光电流。爱因斯坦借鉴并进一步发展了普朗克的"能量子"假说，提出了"光子说"。

爱因斯坦克服了普朗克量子假说的不彻底性，他认为光不仅仅在发射和吸收的时候是不连续的，光本身也是不连续的，在传播的过程中也是不连续的。也就是说，光自始至终都是不连续的，都是量子化的。这种观点彻底颠覆了人们对光的认识。

波粒二象性是微观粒子的基本属性之一，不只是光子，任何亚原子粒子，如质子、中子、电子等，都具有波粒二象性。

德布罗意提出的与实物粒子相联系的波，被称为物质波，也叫德布罗意波。德布罗意波的波长满足 $\lambda = h/p$，其中 $h = 6.626 \times 10^{-34}$J·s，为普朗克常量，$p$ 是粒子的动量大小。在日常生活中观察不到宏观物体的物质波，是因为物体质量太大，导致物质波波长比可观测的极限尺寸小得多，所以宏观物体仅表现出粒子性。

2. 原子结构、原子核、放射现象与原子能

卢瑟福 α 粒子散射实验结果显示：绝大多数 α 粒子穿过金箔后仍沿原来方向前进，少数 α 粒子发生较大偏转，极少数 α 粒子偏转超过 90° 甚至被 180° 弹回。这个结果让他提出原子的核式结构：在原子中心有一个很小的原子核，原子的全部正电荷和几乎全部质量都集中在原子核里，带负电的电子在核外空间绕核旋转，原子核很小。

氢原子光谱不是连续的，而是分立的，与卢瑟福的原子模型不符。玻尔创造性地把量子概念用到原子

结构模型中，圆满解释了氢光谱之谜。但这个理论本身仍是以经典理论为基础，有其局限性。

放射性的发现对近代物理学的发展有着重大意义，带人们走进原子核的世界。此后，中子的发现拉开了人类利用原子能的序幕。如何和平地利用原子能，如何清洁高效地让原子能转化为能够直接使用的形式，人类还有许多工作要做。